餐飲企業人力資源管理

熱點問題十講

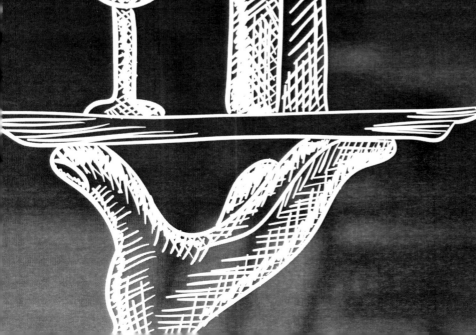

目　錄

前言

第一講 瞭解餐飲業人力資源管理的「獨特」之處.......／001

一、餐飲業人力資源管理的任務

二、餐飲業人力資源管理的特點

三、餐飲業人力資源管理發展趨勢

第二講 如何打造一支精簡高效的團隊 ....／020

一、因需設職位，以職定人的餐飲團隊組建模式

二、反應迅速，配合默契的餐廳服務機構

三、力求節約，品質為先的廚房工作組織

四、前後溝通，訊息對稱的餐飲協調系統

五、獨具特色，多方留客的餐飲營銷體系

六、嚴謹細緻，督導到位的餐飲品質監督部門

第三講 如何才能找到千里馬 ....／039

一、如何營造企業魅力——吸引人才

二、招賢納士——選擇自己合適的員工

三、「科學相馬」，知人善任——選聘人才的程序和步驟

四、「賽場識馬」，人盡其才——人才測評

第四講 培訓管理——有效的雙贏措施 ..../069

一、培訓與餐飲員工跳槽頻繁之矛盾

二、「師傅帶徒弟」，孰是孰非

三、「拿來就是創新」——廚師培訓的捷徑

四、培訓帶給餐飲企業的巨大收益

第五講 激發員工工作熱情，彰顯企業活力 ..../078

一、激勵就是需求的滿足

二、激勵是常規工作而非短期行為

三、主管力和激勵

四、物質激勵VS精神激勵

五、激勵個人

六、組建高效團隊

第六講 績效管理——餐飲企業管理的好幫手 ..../102

一、什麼是績效管理

二、關鍵職位職責書——績效管理的基礎工具

三、關鍵績效目標——績效管理的重要指標

四、績效評估三步曲

五、績效溝通——績效管理的致勝法寶

六、績效管理中的幾大失誤

七、績效管理的幾個實用工具

第七講 餐飲企業薪酬管理 ..../ 1 2 1

一、薪酬管理的理論與實踐

二、薪酬管理體系的設計

三、餐飲企業薪酬管理體系設計實例

第八講 避免出現「鐵打的營流水的兵」................/ 1 5 8

一、為什麼員工不願「從一而終」

二、讓我知道「你在想什麼」

三、解決問題的關鍵在於「對癥下藥」

四、讓「難留易流」更合理

第九講 溝通是必需的，也是可能的 ..../ 1 7 3

一、什麼是溝通

二、怎樣克服溝通中的個人障礙

三、溝通從「心」開始

四、現代企業文化——團隊精神

第十講 把握職業生涯下一步的方向 ..../ 1 9 9

一、什麼是職業生涯發展

二、餐飲企業員工的職業生涯管理

前言

　　長期以來，餐飲業被認為是一個門檻低、技術含量小的行業。餐飲業投資主體多種多樣，各企業間規模差距很大，餐飲市場秩序混亂，競爭激烈。隨著我國社會主義市場經濟的快速發展，人力資源優化配置在企業內部越來越引起管理層的高度重視，餐飲業人力資源的競爭不斷加劇。如何建立健全、科學、合理的人力資源管理機制，有效吸引、培養、使用和留住人才，衝破餐飲企業員工高流動率和一線員工招聘難的困境，改變餐飲業人力資源開發利用和管理相對滯後的現狀，是餐飲業急待研究和探索的問題。為了更好地為餐飲業的發展提供大力支持，山東旅遊職業學院接受旅遊教育出版社的委託，組織編寫了《餐飲企業人力資源管理熱點問題十講》一書。我們期望本書能夠為餐飲業人力資源開發和建設提供有益的指導，幫助餐飲企業解決發展過程中遇到的人才不足、人員流動過快等難題。

　　本書汲取了國內外飯店餐飲管理的最新研究成果，結合我國餐飲業的管理實踐和發展趨勢，全面系統地闡述了餐飲業人力資源管理的各個方面，涉及餐飲人力資源管理特徵、組織結構、人員招聘、員工培訓、激勵機制、績效管理、薪酬管理、溝通、職業生涯規劃及如何避免人員流失等方面。本書在編寫過程中穿插了許多行業案例，使理論與實際的聯繫更加緊密。在表現形式上本書力圖有所創新，語言簡練生動，運用部分圖表增強視覺感受，以利讀者理解。本書注重知識的實用性和可操作性，結合了餐飲業最新人力資源管理工作的重點及具體做法，具有創新性、系統性、針對性和實用性四大特色。

　　本書共分為十講，由山東旅遊職業學院飯店管理系教師合作編

寫。飯店管理系王莉主任擔任主編，統籌全書編寫工作，王莉主任有著豐富的教學經驗和長期飯店管理工作經歷，為本書的編寫進行了準確的定位和科學的編排。第一講，瞭解餐飲業人力資源管理的「獨特」之處，由侯興起編寫；第二講，如何打造一支精簡、高效的團隊，由朱培鋒、孫建毅編寫；第三講，如何才能找到千里馬，由孫赫編寫；第四講，培訓管理——有效的雙贏措施，由王巍芳編寫；第五講，激發員工工作熱情，彰顯企業活力，由楊佳麗編寫；第六講，績效管理——餐飲企業管理的好幫手，由牟青編寫；第七講，餐飲企業薪酬管理，由秦娜編寫；第八講，避免出現「鐵打的營流水的兵」，由陳致宇編寫；第九講，溝通是必需的，也是可能的，由曲春雷編寫；第十講，把握職業生涯下一步的方向，由張瑞編寫。全書由牟青、楊佳麗統稿。

在此，我們要特別感謝旅遊教育出版社各位主管和夥伴，以及山東旅遊職業學院各位主管和老師對本書編寫所提供的指導和幫助。最後，我們由衷地希望各位讀者就本書的不足之處提出批評指正，以幫助我們提高。

第一講 瞭解餐飲業人力資源管理的「獨特」之處

在麗思卡爾頓大飯店，給予賓客關懷和舒適是我們最大的使命。我們保證為賓客提供最好的個人服務和設施，創造一個溫暖、輕鬆和優美的環境。麗思卡爾頓大飯店使賓客感到快樂和幸福，甚至會實現賓客沒有表達出來的願望的需要。

——上海波特曼麗思卡爾頓大飯店的宗旨

一、餐飲業人力資源管理的任務

隨著餐飲業競爭的日趨激烈，餐飲業發展要素中首要問題的位置也在不斷地發生變化，由原來的「硬件優勢」、「地理環境優勢」、「價格優勢」等外部競爭優勢向以「菜品優勢」、「服務優勢」等以人力資源為中心的核心競爭力過渡。越來越多的餐飲業管理者達成了一種共識，即餐飲業的成功在於善於經營人心，企業內部管理須注重向下經營人心，以聚攬人才，激發工作熱情；在市場上，須善於經營客戶之心，善於搶奪客戶的情感資源，將「在意」、「超值」儲存到賓客的感情帳戶之中，贏得飯店的美譽度，促成賓客的忠誠度。企業內部經營人心的工作，即是餐飲業人力資源管理的任務。

（一）餐飲業員工工作的特點

為了更好地瞭解餐飲業人力資源管理任務的獨特性，首先要瞭

解餐飲業員工工作的特點。

1 · 手工性

雖然廚房設備不斷推廣和普及，但手工生產、手工勞作仍然是餐飲行業員工工作的最大特點。餐飲業物質產品的品質仍在很大程度上依賴於餐飲從業人員的個人素質和素養。雖然餐飲業全力推行標準化，但受手工勞動特點的侷限，由於餐飲業員工工作態度、工作技能和工作經驗的不同，其所生產出的產品必然也會有所差別。因此，餐飲業對員工的手工勞動技藝提出了一定的要求。餐飲業人力資源的管理，應進行有針對性的培訓教育，引導員工學習技術、技能，練好職位基本功，掌握相關知識（如，服務心理學和禮貌、禮儀知識等），向消費者提供達標的有形餐飲產品及無形服務產品。

2 · 生產與消費的同步性

生產與消費的同步性，是指員工的生產、產品的銷售與賓客對產品的消費行為是在同一時空進行的。同步性是餐飲行業員工工作的另一個最大特點。在賓客參與產品生產與銷售的過程中，員工與賓客之間發生了不同層面的交流。這就對餐飲行業員工提出了更高的要求：一是要掌握良好的技能、技術，因為在消費者消費餐飲產品的同時，也將員工的操作技藝甚至操作過程直接展現在賓客面前，餐飲市場要求員工必須做到「一步到位，一次做對」；二是要掌握與賓客順暢溝通的技能、技巧，能夠根據賓客的不同需求，適當調整菜品的做法、搭配或者服務程序。

3 · 合作性

賓客所消費的餐飲產品和服務是透過餐飲企業不同職位員工的有機合作共同完成的。一道上桌的成品菜餚須經過採購、驗收、粗加工、烹飪、傳菜及餐廳服務等十幾個環節，或許99%的環節都

好，但只要1%的環節出問題，總體滿意度可能就是差。

過程導致結果，環節就是全部。餐飲服務是由無數個環節組成的，一步錯就是步步錯。

4．員工與產品的不可分割性

餐飲業銷售的不僅是菜品，還包括品牌、環境和員工的形象及態度。工廠化生產的電視機，不會因操作人員的不同而產生很大的區別，但餐飲產品卻不一樣。餐飲行業的員工——人，作為餐飲產品的生產者而成為產品不可分割的一部分。不同服務人員的服務，給賓客帶來的感受存在明顯差異性。同時，賓客會從員工個人衛生情況聯想到菜品的衛生；從員工的精神面貌聯想到服務的效率。

餐飲業員工作為餐飲產品的生產者，成為產品不可分割的一部分。

（二）餐飲業人力資源管理的任務

餐飲業人力資源管理的核心，是對內經營人心，即透過規劃、選拔、配置、開發、考核和培養所需的各類人才，制訂並實施各項薪酬福利政策及員工職業生涯規劃，調動員工的積極性，激發員工的潛能，為企業的可持續發展提供不斷的人力供應。

1．樹立「以人為本」的管理理念

觀念是行動的先導。有什麼樣的思路，就會採取什麼樣的管理措施。目前，餐飲業在人力資源方面面臨的「員工荒」，可簡單概括為三難。一難，是招人難。餐飲業的服務特點，要求員工具有良好的綜合素養和較高的工作能力，但餐飲業往往被人們認為是一種社會地位較低的行業，工作辛苦，薪水和保障又相對較低，供需雙

方的期望值存在差異，供需關係不容易找到對接點。在激烈的人才競爭條件下，餐飲業人力資源的招聘便成了日常工作的重頭戲。二難，是用人難。餐飲行業並非像人們認為的那樣是一種「沒有技術含量」的職業，培養一個大廚沒有8～10年不行，就連餐廳服務人員也需要3～4年的培養，更不用說職業經理人的培養了。三難，是留人難。由於收入低，福利沒有保障等原因，再加上餐飲行業之間頻頻挖角。這些都是促使餐飲業員工頻頻跳槽的原因。餐飲業員工在其他行業的吸引下，跳槽不再做餐飲，形成了人力資源管理的惡性循環。「員工荒」已經成為阻礙整個行業發展，建立高素質、高水準服務隊伍的主要瓶頸。

選擇一種職業就是選擇一種生活，選擇一個企業就是選擇一種未來。

什麼是「以人為本」？我們認為，「以人為本」可以概括為：尊重員工──讓員工感到我很重要；關注員工──讓員工很快樂；信任員工──適當授權；給員工安全感──按上司的指令做不會有危險；激勵員工──把員工打造成英雄；發展員工──把員工培養成專家。

【相關連結】白金五星級飯店──上海麗思卡爾頓大飯店

沒有滿意的員工就沒有滿意的賓客。上海波特曼·麗思卡爾頓大飯店是我國第一批白金五星級飯店，是豪華飯店的代表。其宗旨是：「在麗思卡爾頓大飯店，給予賓客關懷和舒適是我們最大的使命。我們保證為賓客提供最好的個人服務和設施，創造一個溫暖、輕鬆和優美的環境。麗思卡爾頓大飯店使賓客感到快樂和幸福，甚至會實現賓客沒有表達出來的願望和需要。」

員工滿意是達成賓客滿意的第一步。要提高品牌忠誠度，必須首先培養忠誠的員工，提高員工的滿意度。賓客更重視的是在購買與消費過程中尋求受尊重的感覺，而賓客滿意度在很大程度上又取

決於餐飲業員工在經營中的參與程度和積極性。即賓客滿意度在很大程度上受到餐飲業員工所提供的服務價值的影響。價值是由滿意、忠誠和有效率的餐飲業員工創造出來的。

【相關連結】肯德基的「全球冠軍俱樂部獎」

2009年3月，無錫、南京兩名普通的肯德基餐廳經理潘海霞、許斌及其家人，被肯德基公司總部邀請前往美國接受一年一度的「全球冠軍俱樂部獎」大獎。令潘海霞、許斌沒想到的是，到達美國後，公司總部的接待是「元首級」的最高禮遇：鋪設紅地毯、高級林肯超長轎車專程接送、公司全球總裁親臨祝賀。如果說這種禮遇是企業給予員工的一種最高榮譽，那麼也從另一角度體現了「以人為本」的企業文化───員工個人的發展及榮譽與企業息息相關。潘海霞、許斌對此深有體會。從一個絲毫不瞭解餐飲行業、不瞭解肯德基餐廳管理的外行人，發展到今天成為餐廳經理中的精英，每一次職位的升遷，企業都提供了不同的培訓課程，並為其個人規劃了明確的發展目標。如，餐廳服務員新進公司時，每人平均有100小時的「新員工培訓計劃」；餐廳管理人員則不但要學習主管能力入門的分區管理手冊，同時還要接受公司的高級知識技能培訓，並會被送往其他國家接受新觀念以開拓思路。當一個員工成為餐廳經理後，因其是餐廳直接面對賓客的最重要的管理人員，公司會安排各種有趣的競賽和活動。如，每年的「餐廳經理年會」、「餐廳經理擂臺賽」等，使得餐廳經理們既有機會交流、學習，也更促成了企業積極向上的風氣。

2．選人、育人、用人、留人

山東中豪大飯店的用人理念是：人人是才，嚴管厚愛。賽馬不相馬，優勝劣汰。飯店只有小角色，沒有小演員。飯店不僅要教會員工如何做事，更要教育員工如何做人。

（1）選人──須注重職業性格

世界上沒有垃圾，只是放錯了地方。要治理好企業，必須善選人才。

選人要注重職業性格。餐飲業正面臨著員工荒，招聘是餐飲人力資源工作的一項重要任務。據調查，員工在選擇一家企業時，首先考慮的，是薪酬、福利和企業的發展前途；其次，才是品牌、企業文化等。筆者在多年的招聘工作中觀察到，一旦某企業餐飲員工的薪酬、福利高於其他同等級企業20%以上時，其他餐飲企業和目前本企業在職員工親朋好友前來應聘的人數便驟然增加。這可能與跳槽成本和員工之間口口相傳的介紹密切相關，但起決定性作用的因素，還是在於企業的政策導向。應聘的人員越多，企業選擇的餘地也就越大。有些人事總監說，「招聘比培訓更重要」，「優秀的人才不是培訓出來的，而是挑選出來的」。雖然此話有些絕對和偏頗，但也有一定的道理。在選人方面，相關書籍和網站介紹有很多方法和注意事項，不再重覆。餐飲企業選拔員工，更多的是要關注應聘人員的綜合素質。如，整體的自然條件、反應能力、性格特點等。有一點還必須重視的，那就是「職業性格」。比如，想要從事醫生這個職業的人，就需要有懸壺濟世、救死扶傷的人道主義精神，需要有高度的責任心和同情心，並要有一絲不苟的工作態度；如果要從事教師這個職業，就要有為人師表和嚴於律己的作風，同時，還要有愛心。如果沒有這些職業性格，不管是做醫生還是做教師，都不會是一個好醫生或好教師。從事每一種職業都有一定的職業性格，好的職業性格有助於在相關職業中更好地完成工作。麗思卡爾頓大飯店負責品質管理的部門副經理帕特里克·米恩說：「我們只要那些關心別人的人。」和職業性格相對應，餐飲員工的工作職位可以分成不同的類型，不同職位又有不同的要求。只有達到了相應的職位要求，並從事相關職位的工作，才會有更大的成功機會。

①變化型職位。其主要是指餐飲管理人員、餐飲服務人員和餐

飲銷售人員。他們工作的主要特點是：工作呈現多樣化的特徵，每天都會面對不同的賓客，隨時應對賓客的不同需求。這些職位的員工就需要熱心、主動和良好的溝通能力。

②重覆型職位。如，廚工、傳菜生、管事部員工。他們的工作大多是一些重覆性的機械勞動，同時，此類型的職業常常有一定的計劃和標準，其進度也是可以預見的。這些職位的員工要有吃苦耐勞的精神，「將重覆做出精彩」、「將小事做到極致」，「一件事即使做上一千遍一萬遍也不會出錯」。

③技術型職位。主要包括廚師、調酒師等專業技術要求比較高的職位，餐飲產品品質的高低有賴於他們技術水平的發揮。這些職位的員工除須具有嚴謹的工作態度外，還要求具有較強的創新能力。

不同的職位需要不同性格特點的員工，要因職位選人，如果選擇那些不具備職位「職業性格」的人去做事，便可能會誤了企業、害了員工。

【相關連結】燕王巨資買死馬

據《戰國策》載：燕國國君燕昭王一心想招攬人才，而更多的人認為燕昭王僅僅是葉公好龍，不是真的求賢若渴。於是，燕昭王始終尋覓不到治國安邦的英才，整天悶悶不樂。後來有個智者郭隗給燕昭王講述了一個故事，大意是：有一國君願意出千兩黃金去購買千里馬，然而時間過去了3年，始終沒有買到，又過去了3個月，好不容易發現了一匹千里馬，但當國君派手下帶著大量黃金去購買千里馬時，馬已經死了，於是派去買馬的人就用500兩黃金買來一匹死了的千里馬。國君怒道：「我要的是活馬，你怎麼花這麼多錢弄一匹死馬來呢？」派去買馬的人說：「國君捨得花500兩黃金買死馬，更何況活馬呢？我們這一舉動必然會引來天下人為你提供活馬。」果然，沒過幾天，就有人送來了3匹千里馬。郭隗又

說：「你要招攬人才，首先要從招納我郭隗開始，像我郭隗這種才疏學淺的人都能被國君重用，那些比我本事更強的人，必然會聞風千里迢迢趕來。」燕昭王採納了郭隗的建議，拜郭隗為師，為他建造了宮殿，後來沒多久就引發了「士爭湊燕」的局面。投奔而來的有魏國的軍事家樂毅，有齊國的陰陽家鄒衍，還有趙國的遊說家劇辛等。落後的燕國一下子便人才濟濟了。從此以後一個內憂外患、滿目瘡痍的弱國，逐漸成為一個富裕興旺的強國。接著，燕昭王又興兵報仇，將齊國打得只剩下兩座小城。

「千軍易得，一將難求」。現實生活中，或許我們不可能像燕昭王一樣築「黃金臺」來招賢納士，但我們可以改變站在高臺上挑人的習慣，從人力資源開發和人才培養的角度出發，以發展的眼光選人。

（2）育人──要「授人以漁」

縱觀一部「三國」，大凡講的是諸葛亮如何排兵佈陣、如何用計退敵，但在人才培養方面卻是鮮有成績。特別是在蜀國後期，關張兩員大將相繼去世，蜀國可用的人才捉襟見肘，以至於出現了無人可用，「蜀國無大將，廖化做先鋒」的情況，而反觀魏國，卻是人才輩出。為何會出現這種情況呢？最重要的原因，就是諸葛亮忽視了人才的培養。

作為餐飲管理者，培養一支戰鬥力強，專業水平高的員工隊伍至關重要。餐飲行業屬勞動密集型行業，與其他服務行業相比較，工種多、用工量大、管理難度高。服務管理水平的高低依賴於全體員工的共同努力，人才培養則成為各級管理者工作內容的重要組成部分。根據「木桶效應」，客源往往是在服務水平最薄弱的環節流失掉的。因此，培養員工成為各職位的專家是在激烈競爭中取勝的重要砝碼。

【相關連結】木桶效應

一隻木桶盛水量的多少，並非取決於最長的那塊木板，而是取決於最短的那塊木板。這就是「木桶效應」，又稱「短板效應」。

當然，在內部人才缺乏的時候，外聘人才不失為一條捷徑。但外來人才需要一段時間的試用，其與組織的融合則需要一段更長的時間。同時，外聘人才在很大程度上會限制內部人才的晉升機會，對內部人才的工作積極性造成較嚴重的不良影響。雖然「外來的和尚好唸經」，但卻未必是高僧。因此，人才資源的管理須內外並重、拓寬管道。

【相關連結】授人以魚更要授人以漁

有位老人在河邊釣魚，一個小孩兒走過去看他釣魚。老人技巧純熟，所以沒多久就釣上了滿簍的魚。老人見小孩兒很可愛，要把整簍的魚送給他，小孩兒搖搖頭。老人詫異地問道：「你為何不要？」小孩兒回答：「我想要你手中的釣竿。」老人問：「你要釣竿做什麼？」小孩說：「這簍魚沒多久就會吃完的，要是我有了釣竿，就可以自己釣魚，一輩子也吃不完。」

很多人一定會想：「好聰明的小孩兒」。我們說：「錯了」如果老人只是給他以釣竿，他仍將可能一條魚也吃不到。因為，他不懂釣魚的技巧，光有釣竿是沒用的。釣魚的訣竅，最重要的並不在於「釣竿」，而在於「釣技」。

作為餐飲管理者，不僅要給員工以「魚」，更重要的是要教會員工釣魚的方法。

（3）用人——須識人之所長

在一個多元化的社會中，人人各有所長，有時很難說誰比較強。如，林先生英文呱呱叫，但李先生書法一級棒，您說誰比較強？再如，拿蘋果與香蕉相比，蘋果有蘋果的甜脆、香蕉有香蕉的柔香，各有滋味，實在很難說哪個比哪個更好。可口可樂公司認為

只要擁有突出於他人的不一樣的專長，即是人才。因此，雖不是說名校、名系不重要，但學歷和能力並非完全成正比。許多成名的企業家，學歷並不高，但他們在事業上卻做出了傲人的成績。究其原因，就是他們必有某種突出於他人，與他人不一樣的專長。作為餐飲企業管理者的能力，很重要的一個方面就是「慧眼識英雄」，就是要識人之長，用人一技，善於發現每個員工身上突出於他人，與他人不一樣的長處，並能為我所用。為員工提供一個能夠施展其才華的和諧的發展空間。

【相關連結】美國南北戰爭期間，林肯所選用的幾位「無缺點」將軍，在1861～1864這3年間總是敗在南方幾位「有缺點」的將領手下。南軍首領李將軍認為，這些缺點不礙大局，之所以能夠取得勝利，正是發揮了幾位將領的特長，使這些特長變得有效。之後，林肯任命了格蘭特這個滿身是「缺點」的將軍為總司令。當時有人擔心，指出格蘭特將軍嗜酒貪杯，林肯卻說：「如果我知道他喜歡喝什麼牌子的酒，我倒應該送他幾桶，讓其他將軍也嘗嘗。」林肯並不是不知道酗酒誤事，但他更知道所有將領中，只有格蘭特能運籌帷幄，以往的戰績證明他能決勝千里。對格蘭特將軍的任命，正是南北戰爭的轉折點。

對人才的使用過於謹小慎微，不敢越雷池半步，有時也會適得其反。

（4）留人——要營造良好的人才發展環境

在人才管理中，最重要的是營造一種適合人才生存發展的環境。「水至清則無魚，人至察則無徒」，企業的人才管理尤其如此，只有堅持「公平、平等、競爭、擇優」的原則，建立「尊重人才」的企業文化氛圍，努力開發人力資源，才是企業在激烈市場競爭中立足的重要舉措。

【相關連結】人力資源的皮格馬利翁

希臘神話里的雕刻家皮格馬利翁鍾情於自己雕刻的女神。在他虔誠的守護下，這個雕像竟然真的變成了活人，並作了他的妻子。心理學家借用這個神話故事，把對他人寄予深切期望並使之成為對方挖掘自身潛能的內在動力，從而變期望為現實的神奇效果，稱為「皮格馬利翁」效應。

在一個企業中，如果管理人員對下屬的期望值高，其下屬的表現就可能是優秀的；反之，其表現就可能是不佳的。這就是「皮格馬利翁」效應在企業管理中的應用。一些精明的管理者十分注重利用「皮格馬利翁」效應來激發員工的鬥志，從而創造出驚人的效益。「皮格馬利翁」效應能促使受激勵者化壓力為動力，快速適應職位要求並獲得快速發展。在我國的聯想集團，有一種「小馬拉大車」的用人理論，是對「皮格馬利翁」效應理論的延伸和實踐。不管你才大才小，都能獲得一個略大於自身能力的舞臺。小馬拉大車，使「小馬」感受到集團的信任，自然會不斷地追求進步，以便更快地適應手頭的工作。而當業務成熟了，長成了「大馬」，很快又會有更大的車要你去拉。「皮格馬利翁」效應傳達了管理者對員工的信任度和期望值。

被譽為「經營之神」的松下幸之助，就是一個善用「皮格馬利翁」效應的管理高手。他首創了「電話管理術」，經常給下屬，包括新員工打電話：「也沒有什麼特別的事，就是想問一下你那裡最近的情況如何？」當下屬回答說還算順利時，松下會說：「很好，希望你努力加油。」這樣，接到電話的下屬每每都會感覺到總裁對自己的信任和看重，精神為之一振。

列車可以高速奔馳，是因為有良好的軌道及運行保證系統。企業的運作也需要一個好的體制環境，如激勵制度等。所以，管理者要與時俱進，不斷調整人才政策，使人才真正獲得一個良好的生存和發展空間。

3．績效管理與薪酬管理

（1）績效管理

　　績效管理的相關知識並不都是力量，只有將知識很好的組織起來並加以運用才能產生力量。成功的企業家應該是善於組織力量的人。組織力量須從三個方面著手：一是從企業內部發現和培養人才；二是從企業外部招聘人才；三是把企業內部員工的力量激發出來。績效管理正是激發員工力量的重要手段。

　　實施績效管理，從某種意義上說，是對本企業目前經營管理現狀做出的反思與展望。企業喜歡把更多的時間花在目前正在進行的工作上，卻很少願意花時間對過去做出反思，很少去總結過去的成敗得失，而是一門心思地往前走，生怕因為總結過去而耽誤了賺錢、耽誤了發展。

　　以前的觀念是「別老坐在那裡發呆，趕快去幹活吧」，而現在人們更多的是提倡「別忙著幹，先坐下來想一想」。相比之下，筆者更喜歡後一句話，因為它告誡人們在做一件事情的時候不要忙亂，而是要想好了再做。這樣才能保證始終在做正確的事情，而不僅僅是把事情做正確。只有「坐下來想一想」，才能對企業過去一段時間的工作進行一個系統的總結，將總結的結果形成一個系統的報告，便於企業發現問題，及時調整，積蓄力量，以便得到更穩健、更高效的發展。所以，企業應在實施績效管理之前好好地總結一下管理中存在的問題，找出問題的癥結所在，把它放到績效計劃當中，以保證每個成員都能緊盯著企業的戰略目標，並確保戰略目標的實現。但由於績效本身具有多因性、多維性和動態性的特點，在實際工作中展開績效管理的難度很大。

　　【相關連結】森林裡的選美大賽

　　森林裡的動物們準備進行選美大賽，很多動物都報名參賽，吵

吵嚷嚷好不熱鬧。由貓頭鷹、麻雀、老鷹、螞蟻、棕熊組成的評委會開始安排賽前的準備工作。這時，森林之王——獅子召集動物評委們，討論如何組織這次選美比賽。

獅子說：「要選美了，我們首先要制訂出選美的標準，明確什麼是美。下面，從棕熊開始，大家分別談談各自的看法。」

棕熊說：「這個問題我已經想了很久了。選美是一件重要的事情，必須慎重。我們評選的標準首先應該是身體健壯。身體健壯才是美，就像我們熊的家族，個個都是動物界的大力士，我們有一種力量之美。」

麻雀說：「我不同意棕熊的看法。美麗的動物一定要有漂亮的外表，比如我們鳥類家族中的孔雀，她的羽毛多美麗，氣質多優雅呀！」

老鷹說：「你們說的都不對，最美麗的動物應該是有一雙銳利的眼睛，那才叫迷人。我們鷹的眼睛是最銳利的。」

螞蟻說：「我不同意你們的看法，內在的美，才是最美。我們昆蟲世界裡的蜜蜂，天天不辭辛勞地工作，那才叫美麗呢。」

貓頭鷹說：「你們的理解都有偏差，最美麗的動物應該是對森林最有貢獻的動物。比如說啄木鳥，天天忙著捉蟲子，沒有它們的努力，森林裡就會到處是蟲子，我們生活的環境就會很糟糕。」

評委們你一言我一語，各執己見，爭論不休。

獅子看大家爭了半天也沒有個統一的意見，就說道：「我看大家對美的認識各有不同。我們能不能綜合一下，把選美的標準定為：要有熊一樣的力量、孔雀般漂亮的外表、鷹一樣銳利的眼睛，還要像蜜蜂那樣的勤勤懇懇，並有啄木鳥那樣的奉獻精神。按照這樣的標準來評選，一定能選出最美的動物。」

獅子說完後，動物們面面相覷，不知道說什麼好。

這個故事可以給我們以下啟示：一是績效考核是多維性的，不要試圖搞出一個所有職位都適用的「考核標準」，能在考核中體現數量指標、品質指標、出勤、紀律、創造性等多個方面。二是考核指標的設定，不可只讓員工去討論，因為這不是人力資源部一個部門的事，要形成管理人員、員工和專家廣泛參與的機制。

（2）薪酬管理

所謂薪酬管理，是指一個組織針對所有員工所提供的服務，來確定他們應當得到的報酬總額及報酬結構和報酬形式的過程。在這個過程中，企業就薪酬水平、薪酬體系、薪酬結構以及特殊員工群體的薪酬做出決策。同時，作為一種持續的組織過程，企業還要持續不斷地制訂薪酬計劃，擬訂薪酬預算，就薪酬管理問題與員工進行溝通，同時對薪酬系統的有效性做出評價，而後不斷予以完善。

薪酬管理對幾乎任何一個組織來說都是一個比較棘手的問題，主要是因為企業的薪酬管理系統一般要同時達到公平性、有效性和合法性三大目標。企業經營對薪酬管理的要求越來越高，但就薪酬管理而言，受到的限制因素卻越來越多，除最基本的企業經濟承受能力和政策法規外，還涉及企業不同時期的戰略目標、內部人才定位、外部人才市場及競爭者的薪酬策略等因素。

4．職業生涯規劃

對於求職者來說，若想進入餐飲行業發展，除須做好入行前的思考和準備外，還須設想一下自己的職業生涯規劃問題，如：自己為什麼要從事這個行業？想從這個行業得到哪些個人能力上的提升？未來5年要達到什麼樣的職業高度？如何達到這樣的職業高度？事實上，餐飲業從業人員的職位提升，一般都要遵循如下的路徑：

由此不難看出，餐飲業內部員工的晉升路徑，一般是經由一線操作職位向二線職能管理職位發展。其原因在於餐飲業的基礎服務職位都是一些操作性極強的工作，沒有在一線練就紮實的基本功和在一線3～5年的工作經驗，一般很難得到提升，即使是僥倖得到了提拔，如果沒有紮實的功底也很難博得員工的信服，進而難以做好管理工作。從部門主管再向更高層發展，成為負責某一業務領域的總監或副總級的高級管理者，大約再需2～3年的時間。因此，對於想在餐飲行業謀求發展的求職者來說，必須對此具有充分的認識，只有做好充分的思想準備，才能保證自己的職業發展之路走得穩、走得快，在職業發展過程中如魚得水，如願以償。

二、餐飲業人力資源管理的特點

由於餐飲業和餐飲從業人員的特點，決定了餐飲業人力資源管理上具有以下獨特性：

1．複合性

對員工業務的複合性要求，是餐飲業人力資源最顯著的特點之一。餐飲產品要求生產與消費的同步性，要求餐飲業員工具備綜合的業務技能、綜合的業務知識、良好的服務態度、良好的職業習慣和良好的職業形象。不管你是一線員工還是二線員工，在客人眼裡，都是服務人員，在客人有需求時，都應該而且能夠按照飯店的標準要求提供服務，而不能因為自己是行政人員，就可以「不清楚」為由拒絕回答客人的菜品詢問。

現代餐飲業員工必須具備駕馭語言的接待能力、吸引客人的交際能力、敏銳準確的觀察能力、深刻牢固的記憶能力及靈活機智的應變能力和主動熱情的營銷能力。

2．整體性

當顧客某一方面的需求得不到很好的滿足時，對其他方面的要求就會陡然提高，從而導致其他方面的實際感受品質相對下降。

首先，客觀地分析餐飲服務的品質問題，應該說雖然每位員工都在不同的職位上從事著某一方面的工作，其服務品質的好壞，並不能代表整個餐飲企業的總體服務品質。但這只是「員工的邏輯」。站在顧客的角度，他們不可能一次性消費掉企業全部的餐飲產品。顧客只能根據自己所消費的部分餐飲產品品質，對整個餐飲產品的品質推導出一個總體評價。這是「顧客的邏輯」，即從部分推論總體。因此，企業的每一個部門和各個職位上的每一位員工都應以「我代表企業」的高度責任感來對待自己的工作。

其次，當顧客在消費過程中對某一環節的服務感到不滿意，往往會把不滿情緒帶到其他員工所提供的服務環境中去，從而變得非常挑剔。此時，服務人員應該及時地意識到客人的負面反應，並竭力以自己的優質服務去平息客人的不滿，努力消除個別服務環節上造成的不良影響，爭取提高顧客對企業的總體滿意度。反之，如果服務人員把責任歸咎於客人，服務就將徹底失敗。

餐飲產品的生產和銷售是由多個環節組成的，某一個環節的脫節或者失誤，都會導致品質問題和顧客的投訴。100-1＝0，100個員工做得好，只有1個差，結果就是差，這是餐飲行業普遍接受的觀點。因此，餐飲業企業文化更加強調整體性，更加注重團隊精神。

3．複雜性

餐飲企業是勞動密集型的行業，人員多、年齡差異大、工作職位性質、工作時間及其所掌握的技能差別也大。如，一個20人的廚房，可以分設炒鍋、備料、砧板、粗加工、蒸鍋、燻烤、滷水、

涼菜、糕點等職位。人員多，職位設置複雜，管理的難度可想而知。

三、餐飲業人力資源管理發展趨勢

1．人力資源管理將面對文化融合

隨著外資企業進入中國速度的加劇及本國企業間的重組和兼併，給人力資源管理帶來的新的問題，就是文化如何更好地進行融合，重組、兼併後的企業所面臨的企業文化與價值觀的衝擊及工作方法和方式的不同，給人力資源經理們帶來了挑戰。例如，裁員方面的限制問題及社會保障方面的問題都隨之而來。而這，還不僅僅只是形式上，更重要的是面對不同文化之間的衝突，人力資源管理需要從理念上不斷地進行調整。

2．中高級管理人員的跳槽將會更加頻繁

面對中國巨大的餐飲市場，外資企業進入中國速度會加快，同時，隨著市場經濟的深入發展，重組、兼併的速度加快，自然會有一部分中高級管理人員跳槽。還有一部分人會因為文化合併後的不適應而不能融入其中，只能被迫另找出路。

3．人力資源管理將越來越注重員工職業生涯的發展問題

營造一個員工和企業共同成長的組織氛圍是需要花時間來考慮的。由於外企增多、跳槽加劇等原因，企業不可能一味地、無限制地提升員工的實際薪資，只得轉而從精神薪資方面來考慮。精神薪資就是鼓勵員工對企業的認同感。企業對員工的貢獻是否認可，對於員工實現其職業願望的信心具有決定性的影響。因此，員工職業生涯的設計和發展，將成為餐飲企業人力資源管理所必須認真面對並引起高度關注的問題。

4·人力資源管理將呈現多元化和彈性化的趨勢

由於員工的工作時間長、工作要求高，加之績效考核和末位淘汰制等因素導致工作壓力增大。從人力資源角度來講，如何酌情調整員工所面對的壓力就顯得非常重要。壓力過大，無法釋放出去，勞動生產率就會受到相應影響。為了緩解員工壓力，人力資源管理將呈現多元化和彈性化的趨勢。

5·企業將向學習型組織的方向發展

隨著社會知識化程度的不斷提高，人力資源管理對員工知識結構的要求也將更加嚴格。現在很多企業都在努力向「學習型組織」方向轉型，透過多種形式培訓不斷提高在職員工的知識結構，同時積極總結和累積這方面的經驗，並在謀求團隊知識更新和企業再造過程中加強員工的職業生涯設計，以便在激烈的餐飲市場競爭中站穩腳跟。

6·人力資源外包問題

人力資源管理將越來越向專業化發展。目前，很多企業已把人力資源管理中的一些具體事務實行外包。這樣，既有利於企業專注於自身的核心業務，也可以充分利用外包服務商的專業化社會服務資源，以獲得企業的規模效益。

7·人力資源與企業整體戰略的連結將成為一大熱點

過去，人力資源管理只是一項後勤工作，與企業的戰略目標沒有太大的聯繫。現在，人力資源管理越來越深入地滲透到企業的戰略經營之中，企業的戰略目標在很大程度上往往是透過人力資源管理來實現的。績效考核是否符合人力資源發展的要求？薪資結構和標準的制訂在整個人才市場上是否合理？人力資源管理圍繞企業的戰略目標到底應該做些什麼？人力資源戰略如何與企業的整體戰略連結等問題，將成為人力資源管理著重探討的熱點。

8．餐飲業高級人力資源的轉型

餐飲業的職業經理人正逐步形成一個專項性的職業階層。這個階層的形成和發展，必將推動餐飲業的高級人才朝著職業化、商品化、資本化的方向邁進。

9．服務於餐飲業的戰略性人力資源壟斷性平臺將步入規範化

在服務於餐飲業的人力資源壟斷性平臺的特徵表現為分散性，僅在與餐飲、飯店業有關的行業出現這種壟斷性平臺。但隨著市場需求的不斷擴大，這種分散性、壟斷性平臺將逐步歸於一統而出現多樣化的優勢資源平臺，以適應餐飲業人力資源供給平衡的客觀要求。所有資源本身的透明度將大大提高，行業內部相互挖牆角等不規範的操作行為將逐步在行業監督機制的約束下逐步趨於規範化。

餐飲組織結構，是餐飲組織內部各部門之間關係、界限、職權和責任的溝通框架，是內部分工合作的基本形式。精簡、高效的餐飲團隊對於提高餐飲接待能力，增加餐飲經營效益起著關鍵的作用。本講將從六個方面對餐飲團隊的建構方式進行闡述。

第二講 如何打造一支精簡高效的團隊

一、因需設職，以職定人的餐飲團隊組建模式

如今，餐飲業的產品生命週期越來越短，市場需求不斷更新。最大限度地發揮餐飲從業人員的主觀能動性和創造性，提高服務品質，成為餐飲企業吸引顧客的關鍵所在。在這種情況下，亟須對傳統的餐飲組織結構進行改革。扁平化組織結構成為許多餐飲組織結構改革的方向。

（一）扁平化結構的產生

日本索尼公司實行「模擬公司制」，把19個事業本部和7個營業部合併為8個單位；同時，取消副職，將原來8個層次的企業垂直系統削減為4個層次，以求增強企業各項方針政策的執行效率，速戰速決。

我國海爾集團總裁張瑞敏在瑞士召開的世界經濟論壇上指出：21世紀企業的三條界定，其中之一就是「更具有適應外部市場變化的組織結構」。海爾在管理體制上，把「金字塔」扳倒，企業的主要目標由過去的利潤最大化轉向以顧客為中心、以市場為中心，在企業內部，每個人都要由過去的「對上級負責」轉變為「對市場負責」。

扁平化結構改革已經成為當今世界大企業改革的潮流。當企業規模擴大時，我們通常採用增加管理層次的辦法。對於國際大企業來說，員工多達幾萬甚至十幾萬人，管理層次就會過多，組織結構就會變得臃腫。IBM的管理層，最多時高達18層。IBM最高決策者的指令，要透過18個管理層，最後傳達到最基層的執行者，不但傳遞時間極其緩慢，而且在傳遞過程中會變得失真、扭曲。解決這種難題最好的方法就是扁平化。當管理層次減少，而管理幅度增加時，金字塔式的組織結構就被壓縮成扁平狀的組織形式。

（二）扁平化組織結構的概念

　　扁平化組織結構，是指企業主動地透過其內部變革，改造自上而下的多層次垂直組織結構，減少中間層，增大管理幅度，裁汰冗員，建立一種緊縮型橫向組織結構的過程。其目的是使企業變得更加靈活、敏捷，富有彈性和創造力，以提高企業的市場競爭力，適應快速變化的市場環境。

（三）餐飲業組織結構扁平化的必然性

　　中國餐飲業在經過「減員增效」之後，餐飲一線的服務人員已經很難再縮減了，透過管理組織結構的創新，降低固定勞動力成本，是應對薪酬和福利費用飛速攀升趨勢的良方。實施組織結構扁平化是更深層次的「減員增效」。

　　如果把與員工管理層人數之比設定為不低於5：1，這將就非常有利於餐飲業人力成本的控制。但是，僅僅保持這種正常比例還不夠，因為餐飲業中領班薪資是員工薪資的1.3倍或更多。總監和經理的薪資至少是員工薪資的5～10倍，減少一位管理人員在勞動

力成本上相當於減少幾位員工。控制好管理人員與員工人數的比例是使人力成本保持合理水平的有效途徑。不同類型的餐飲企業要求確定不同的組織結構，規模不同則組建模式也不同。

香港某高級餐飲企業中，員工與領班級（含）以上管理人員的比例是16：1；國內三星級以上飯店餐飲部門普遍實行的比例是4：1左右；較好的是8：1；較差的只有2：1。資料顯示麗思卡爾頓飯店餐飲部曾經從15：1改進到了50：1，由此可見我們的差距有多大。管理人員多的一般規律是：飯店星級越高餐飲管理人員越多、公有體制特徵越強管理人員越多、飯店餐飲規模越大管理人員越多、飯店餐飲經營時間越長管理人員越多。

（四）實施組織結構扁平化的管理創新實踐

1・自我導向小組（Self-directed Work Team）

【相關連結】麗思卡爾頓飯店進行了一項創新實踐。其主要內容是：「一線服務員自我負責排班、自我確定工作任務，減少管理職位。」具體方式是：由餐廳所有員工簽署「任務表」，從餐廳經理手中拿到管理權，可作一年的實驗。飯店將節省下來的一半薪酬分給大家，合計每人每小時薪資增加1美元。儘管某管理職位被取消，卻沒有員工被炒掉。薪金分配給了留下來的管理人員和被授權的小時制員工。飯店管理層在全過程中予以顧問指導和保證使他們充分獲得管理訊息。麗思卡爾頓飯店總的實踐成果是：員工流失率降低50％，1998年又降至25％。減少薪資支出、降低管理者與員工的比例，從1：15變為1：50；大幅度提高了員工滿意度。

這項實踐被美國康乃爾大學「飯店管理學院教授會」評選為「飯店業人力資源最佳實踐」之一，評語為「員工彼此互相培訓，分享專業知識，幫助提高團隊全體的技能水平，將責任擴展到操作

全過程」。有的理論家認為：「團隊參與的最高形式是自我管理工作團隊，管理自己和自己的工作」。這就為組織結構扁平化做了有益的補充。

2．倡導走動式管理（Managing by Walk Around），彌補減少管理人員產生的管理和服務盲區。

「走動式管理」主管方式所運用的三種主要方法是：傾聽、提供方便和教——帶。管理層透過親臨第一線，及時溝通，及時發現問題、解決問題，隨時掌握飯店的運作情況。這種管理模式並非飯店業所發明，但著名的馬里奧特飯店管理集團卻是伴隨著「走動式管理」而發展壯大的，小比爾·馬里奧特仍然把他的一半時間花在與員工的交談和溝通上。全球最大零售商沃爾瑪董事長兼首席執行官花去自己大半工作時間，「關鍵就是要深入商店聽聽下屬們到底想說什麼」。麗思卡爾頓飯店也倡導這種管理模式。美國飯店業對於飯店經營有一個形象的說法：「飯店如戲」，要想把戲演得精彩，就絕不可以老坐在辦公室裡。許多好的飯店管理者，都把深入服務一線養成自己的工作習慣，深入到前廳、客房、餐廳、銷售等各個環節中去瞭解情況並解決問題，使客人能在最短時間內得到所需服務或解決投訴。美國阿波羅飯店（1200間客房）總經理理查德·詹姆斯信服「勤能補拙」，「每天早上6：00都要去飯店轉悠」。

筆者建議總經理可以買一個「計步器」佩帶，如果您每天下班的時候看到自己一天的步數少於5000步，那就是辦公室裡待的時間長了，而走動的時間短了。有的餐飲企業更演化出「一步到位」的「走動式服務」大使。

3．依靠「夥伴系統」和「在職培訓程序」，提高員工服務水平，降低領班精減後的不利影響。

【相關連結】四季飯店在每個部門創立「委派培訓者職位」，

23

以培訓經理擬定的一線在職培訓材料為支撐。這套材料包括100個以上的職位培訓。每個不同的飯店培訓者結合材料並聯繫本飯店的具體職位和客戶習慣培訓，使一線員工在職培訓協調一致，成效顯著。

海岸飯店集團原是一個小集團，自身沒有實力建立培訓中心為新員工培訓。於是他們創造了「夥伴系統」（Buddy System），從老飯店借員工來培訓新人。新員工短期內學會了服務知識，老員工得到了個人成長機會，而且獲得了一定的補貼，員工流失率下降，客人得到了更好的服務享受。如今，海岸飯店集團已不再是一個小集團，但他們依然沿用這種「夥伴系統」。

可以看出，這些實驗就像我們熟悉的「一幫一、一對紅」的互幫互學小組。這項實踐也被美國康乃爾大學飯店管理學院教授會評選為「飯店業人力資源最佳實踐」之一。

4 · 員工授權（Employee Empowerment）

加大員工對客人要求的快速滿足權力，不再需要等待批准，有助於組織結構扁平化的飯店做好服務工作。授權，是將職責和控制權由管理層向從事企業核心工作的員工轉移的一種觀念，授權並不意味著委託責任，而是將責任與權力永久地交給一線員工。

【相關連結】聖保羅希爾頓飯店的「儘管去做」（Just do It）員工授權模式。

「儘管去做」，即允許員工去做任何使客人滿意所需要做的事。這個實踐，最早開始於前廳，緣起於員工們在解決客人關注的事情時，對傳統的「延遲決策體系」感到失望。一些主管猶豫於推行這樣的實踐將危及他們的權力。員工們則擔心所做的決定會被事後批評。經理舉行了前廳部員工會議，宣布任何人當即解決問題都不會被責難，總經理支持了這個決定。此後兩個月內，就從「客人

意見卡」上看到了飯店形象發生的明顯變化。正如推動這項「最佳實踐」的辛普森經理所觀察到的：「授權，使員工們在對客交往時散發出充滿信心的能力。這反過來又讓顧客自信，留在飯店將是對這種信心答謝的體驗。」

麗思卡爾頓飯店同期也進行了員工授權的實踐。所有員工都有權力在2000美元範圍內儘可能去滿足客人的要求。「員工自己決定什麼時間，怎樣在他們認為合適的錢數內，來取悅一位不滿意的客人，或給重要客人一個驚喜！」「透過授權為員工提供了更加有趣的工作」，所以，員工被授權後不僅不會抱怨，反而增加了對工作的滿意度。這是因為，授權對於那些充滿成就感和渴望得到發展的員工是莫大的鼓勵。

配合實施組織結構扁平化的一系列管理創新實踐，是對組織結構扁平化的必要補充，是有機的互補。如果沒有充分的員工授權，傳統的架構中減少了管理人員就使客人的要求更難以及時解決。「自我導向小組」和在職培訓則對減少管理人員後的員工自我培訓、自我管理提供了成功的典範。「走動式管理」不僅在管理上扁平化了總經理與一線的距離，更是在空間上擴大了管理的幅度、在時間上消除了管理層的延遲。餐飲業管理體制是一個大的系統，單單搞組織結構扁平化還是會產生許多問題，必須吸收中外飯店及餐飲業已有的成功實踐經驗，來全面地完善我們的管理機制，才能在餐飲業中實現組織結構扁平化。

（五）實施餐飲組織結構扁平化的方法

1．減少層次

餐飲管理的金字塔或傳統結構，通常是總監—經理—主管—領班—員工。在組織結構扁平化要求的前提下，同層次可以考慮

減少一級。如，主管與領班同為執行層，企業可以根據自身狀況酌減一級。

2．慎重設置副職

一個副職的薪酬一般相當於5～6名員工的薪酬。從管理結構來說，最好不設副職。許多飯店餐飲部設置副經理專門管理廚房，同時也設置行政總廚，反而會造成經理、副經理與行政總廚的職責不清。如果部門規模較小，更無須設置副職浪費人力資源。

3．建立合理的技能評價體系，精簡管理職位

建立合理的技能薪資體系，對餐飲企業內部技能高但不擔任管理職務的員工評定合理的薪酬，而不必非等戴上「烏紗」後才可以漲薪資。

二、反應迅速，配合默契的餐廳服務機構

　　根據對客服務的需要，餐飲企業可以分為餐廳和廚房兩大系統。這兩個系統在餐飲總監（經理）主管下，有效運轉。為了適應客人不斷提高的服務需求，提升對客服務的品質，許多企業在此基礎上加入餐飲營銷系統和品質監督系統，形成四大系統並行的格局（如圖2-1所示）。

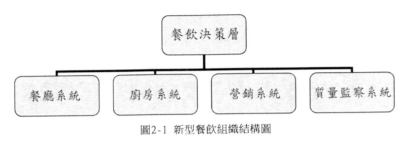

圖2-1 新型餐飲組織結構圖

（一）餐廳組織

　　餐廳組織，是實現餐廳目標的有效手段。透過組織，能使餐廳各方面的工作在合理分工和科學合作的基礎上構成一個嚴密的整體，以取得良好的經營效果。對內，餐飲企業各餐廳經營特點不一，其行政組織機構設置也不盡相同；對外，餐廳作為第一線的銷售前沿和關乎餐飲企業聲譽的部門，其運轉須取得各方面的支持和配合才能達到預期的目標。這就需要餐廳處理好與各部門的關係，相互溝通訊息。中型餐廳組織結構(如圖2-2所示)。

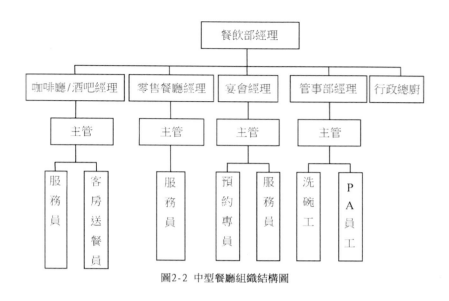

圖2-2 中型餐廳組織結構圖

（二）職位職責

　　職位職責，是對員工工作內容和工作要求的具體規定。我們選取某飯店餐飲總監職位職責、工作內容及每日檢查項目予以說明。

三、力求節約，品質為先的廚房工作組織

（一）廚房節約的目的和重要性

　　衡量一個企業的經營狀況與績效，可從很多方面進行考察。其中，成本是綜合反映餐飲業管理品質的重要指標之一。如，餐飲業勞動生產率的高低、原材料使用是否合理、產品品質的好壞及餐飲

生產經營管理水平等，很多因素都能透過成本直接或間接地反映出來。對於餐飲業來說，廚房是生產的重地，是企業價值創造的核心機構。廚房的成本控制，對餐飲經營成敗起著至關重要的作用。因此，廚房成本控制既是餐飲市場激烈競爭的必然要求，又是廚房管理系統中的重要組成部分。

（二）廚房組織機構設立的原則

1.因事設職與因人定職相結合

組織設計的目的，是為了實現組織目標，即「事事有人做」，而非「人人有事做」。在組織設計中，首先考慮的是工作需要，因事設職、因職用人；其次，充分考慮每個人的特點和能力，做到最大限度地發揮員工的潛能。

2.權責對等

廚房組織機構每個層次都有相應的責任，並賦予對等的權力。沒有明確的權力或權力的應用範圍小於工作要求，則可能使責任無法履行、任務無法完成。

3.管理幅度適當

管理幅度，是指一個管理者可以直接、有效控制指揮的人數。一個管理者的管理幅度以3～6人為宜。廚房上層管理者考慮問題的深度和廣度不同，管理幅度應小一些；而基層管理人員與廚房員工溝通和處理問題比較方便，幅度可以大一些，一般可達10人。

4.按專業化分工劃分下屬部門

廚師是一項技術性很強的工作。為保證產品品質的穩定性，廚房組織結構的設置往往按專業化分工原則進行。如，許多大型廚房設置統一的粗加工廚房，既能保證出品品質，又可節約成本。

（三）廚房組織結構的形式

根據餐飲生產規模和經營方式的不同，廚房的組織結構形式可分為大、中、小三種類型。

1．大型廚房組織結構

大型廚房，設總廚師長（行政總廚），指揮整個廚房系統的生產運行。其特點是：所有產品的原料加工和切割，乃至配份等均通常設置專門的廚房統一完成；同時，設若干分廚房，負責各自的食品加工製作，供應各餐廳。

2．中型廚房組織結構

中型廚房，由總廚師長負責整個廚房系統的生產運行，往往分設1～2中餐廚房和1個西餐廚房，各廚房兼有多種生產功能。

3．小型廚房組織結構

小型廚房，規模較小，受廚房面積、設備及廚師水平等諸條件的限制，廚房組織形式較簡單，通常由1名廚師長對生產進行監督和指導。這種組織形式從管理人員到員工不存在中間層次，權力集中、命令統一、決策迅速，便於相互交流溝通。

（四）廚房職位設置

廚房的人員配置往往受餐飲規模、等級、經營特色及廚房組織結構和布局等多種因素的影響。各個餐飲企業一般都會從經營成本出發，嚴格控制廚房的人員配置數量。故而，許多廚房在運作中往往出現人手不足的現象，甚至影響產品生產。因此，尋找一種既能保證企業正常運轉，又不加大企業勞動力成本的人員配置方案，成為餐飲企業必須解決的問題。

一般而言，廚房在進行人員配置時主要看三個因素：一看餐位數；二看職位設置要求；三看工作量，即餐位利用率。以魯菜廚房為例：通常一個熱菜廚師負責60～100個餐位的供應，其中1：60～80被認為是零點餐廳的最佳選擇，因為零點餐廳突發性需求較多，顧客就餐隨意性較強，熱菜廚師比例確定在1：60～80是一種明智的選擇；而1：100，是宴會廚房的最佳選擇，因為宴會預訂較多，餐桌週轉率相對較低，廚房人員準備工作較充分。一些餐飲管理者認為，一個熱菜廚師配置一個相關生產人員比較合適。確定了熱菜廚師與餐位的比例後，就可以確定熱菜廚師與相關職位廚師的比例，即熱菜廚師與相關職位人員（含粗加工、砧板、打荷等）的比例是1：4。

【相關連結】假設某餐廳有300個餐位，平均利用率為80%，每80個餐位配1名熱菜廚師，需要3人，相關職位廚師則為12人，另配備冷菜廚師、糕點廚師、蒸鍋廚師，加廚師長，同時考慮每週兩個休息日，大約需要設置25人左右。

四、前後溝通，訊息對稱的餐飲協調系統

餐飲產品是一個整體產品，包括有形的物質產品和無形的服務，只有二者能夠有機結合，餐飲產品才能達到合格標準。這種產品的提供需要餐飲企業前後臺即餐廳和廚房的協調運作，而協調運行的關鍵，則在於餐廳和廚房之間能否建立順暢的訊息溝通。這取決於在餐飲經營過程中對每個細節的追求程度。如果把餐飲產品的生產、銷售過程作為一條尋找細節的線索，那麼讓我們來用放大鏡觀察一下圍繞這條線索的細節。

（一）產品設計

具有市場生命力的產品是餐飲業永遠追求的目標，而做好產品設計則是餐飲經營的基礎。餐廳服務環節，應該關注客人的需求並及時將這種需求提供給廚房，以便後臺能更準確地把握客人的喜好，提供個性化產品；同時，廚房應該及時通報產品的創新變化情況，以便前臺能準確地進行營銷，適時地制訂營銷方案，並從銷售的環節幫助廚師長控制毛利。

（二）餐前準備

餐廳必須瞭解當日廚房所能提供的各類菜品的情況。例會前，服務員和廚師要相互交流主要客源情況、工作程序、特色菜、風味菜及特殊服務等要求。

（三）就餐過程

餐廳力求將客人的就餐動態及時、準確地傳遞到廚房，雙方嚴把關菜品品質、溫度，要求快速、準確地出品上菜；若出現客人對菜品投訴的情況，餐廳需及時聯繫廚房處理，應遵循先滿足客人要求，再論餐廳和廚房是非的原則；對於客人提出的特殊要求更應快速通知廚房。廚房有責任積極配合餐廳及時解決處理好客人就餐中發生的各種問題。

（四）訊息反饋管道

有效的訊息溝通來自於暢通的訊息反饋管道。餐飲業常見的幾

種訊息溝通方法：一是透過前後臺溝通會。在定期舉行的前後臺溝通會上，各部門均可暢所欲言，並透過協調促進問題的解決；二是透過管理人員的意見徵詢。餐飲各部門管理人員均有及時徵求客人意見的職責，透過意見徵詢，可以及時發現服務與管理中的不足，並予以現場糾正，便於提升賓客滿意度。這裡要著重提出，廚師長的意見徵詢尤為重要。中餐廚師的傳統習慣是躲在廚房裡不見客人，也絕對不允許廚房以外的人進入自己的領地。這種封閉式的做法已遠遠落後於現代餐飲業的管理。對於產品的理解，客人始終最相信其設計者；三是服務人員的工作記錄。服務人員在工作過程中要注意記錄有價值的客戶訊息，如賓客的喜好、禁忌、用餐習慣等，以便於前後臺的共同配合，提供個性化服務；四是餐後點評。對於單桌宴會，每餐結束後管理人員都應該會同服務人員、廚師到現場查看用餐情況，瞭解哪些菜品受歡迎，哪些菜品還存在問題等。

順暢的前後臺配合，高效的組織運行是餐飲服務品質提升的重要保障。

五、獨具特色，多方留客的餐飲營銷體系

根據各企業餐飲經營規模及客源市場的不同，各餐飲營銷部門組織結構的差別也很大。餐飲企業通常設置獨立的營銷部，與其他各部為同級管理部門。而綜合性飯店的餐飲銷售往往由飯店營銷部負責，不再單獨設立餐飲營銷部門。港澳地區無論是餐飲企業還是飯店餐飲部，通常設立營業部負責餐飲銷售、建立良好的客戶關係。營業部經理在分管副總或總經理的主管下，根據餐飲營業目標，確定客源市場，完成餐飲銷售任務。銷售員在銷售經理的主管

下，對目標市場進行開拓性營銷活動，吸引顧客前來消費並建立和維護良好的客戶關係。訂位員應及時登記顧客預訂訊息，告知前廳後廚，做好溝通工作。

六、嚴謹細緻，督導到位的餐飲品質監督部門

（一）採用有效的監督檢查方法

餐飲生產品質監督檢查可以各種方式並用。但從效果來看，應以問題檢查為基本手段，以解決品質問題為主要目的，形式上採用常規性檢查與非常規性檢查相結合。常規性檢查要經常化，如客戶回訪、進行新老客戶調查、透過書信徵求顧客的意見等；非常規性檢查則可不定期進行，如聘請專業人士暗訪等。

（二）分析餐飲品質問題的原因，制訂糾正措施

餐飲品質監督檢查的目的，在於發現品質問題，並使問題能夠得到有效糾正，使同樣的品質問題不再發生。因此，品質檢查人員必須在發現品質問題後，能夠積極協助餐飲企業認真分析出現品質問題的原因，並對解決品質問題制訂相應的糾正措施，並督導餐飲工作人員實施糾正措施，以使品質問題真正得到解決，並避免類似品質問題再次發生。

（三）成立餐飲品質檢查部

品質檢查部是餐飲企業品質檢查的職能部門，依據餐飲服務程

序、標準、管理規定和部門職位職責，按照餐飲企業管理考核體系、品質檢查系統對餐飲各部門的服務品質進行全面檢查，以保證餐飲企業的服務品質和菜品品質，使服務品質和菜品品質持續改進，在保持優質服務和產品滿足賓客需求方面對餐飲企業，造成監督、保證作用。

品質檢查部負責制訂企業品質監督檢查標準、檢查辦法和檢查時間表；質檢部在餐飲經理主管下，按照質檢標準、辦法和時間表嚴格檢查，將結果及時彙總，並做出分析報告，準確反饋給餐飲各部門作為餐飲企業經營決策和日常管理的依據。同時，質檢部應當會同被檢查部門管理人員，分析研究檢查結果，制訂改進措施，督促相關部門整改提高。

【相關連結】山東舜和集團是近年來迅速崛起的飯店集團

山東舜和飯店集團下屬的巴西烤肉自助餐廳生意火爆。筆者於2009年3月3～9日在此進行了為期一週的考察學習。自助餐廳的組織架構簡單，運轉高效。前廳共有1位經理、1位主管、3位領班和27位員工。廚房分為巴西烤肉、涼菜、熱菜、糕點和釀酒室，共有廚師21人。整個餐廳有客位190個，平均翻桌率131%，最高日接待顧客712人次。客人對餐廳評價較高。

舜和巴西烤肉自助餐廳是直線式組織結構，即經理—主管—領班的組織模式，十分簡單。這種簡單實用的結構模式能夠迅速高效地確保經理決策的傳達貫徹，減少了中間環節，有利於領班能根據形勢變化迅速做出反應，並能及時向經理請示。主管在領班和經理之間造成了較好的協調作用，並能在經理不在店的情況下，行使經理職權。

【熱點討論】

（1）直線式組織結構有什麼樣的特點？

（2）對於小型餐廳來說，直線式組織結構能造成怎樣的作用？

（3）直線式組織結構有哪些優缺點？

【故事】生存實驗

美國加利福尼亞大學的學者做了一個實驗：把6隻猴子分別關在3間空屋內，每間兩隻。屋內分別放著一定數量的食物，但放的位置高度不一樣。第一間屋內的食物就放在地上，第二間屋內的食物分別從易到難懸掛在不同高度的適當位置，第三間屋內的食物懸掛在屋頂。數日後，他們發現第一間屋內的猴子一死一傷，傷的缺了耳朵斷了腿，奄奄一息。第三間屋內的猴子也死了。只有第二間屋內的猴子活得好好的（如圖3-1所示）。

圖3-1　生存實驗

究其原因，第一間屋內的兩隻猴子一進房間就看到了地上的食物，於是，為了爭奪唾手可得的食物而大動干戈，結果傷的傷、死的死。第三間屋內的猴子雖然做了努力，但因食物太高，難度過大，搆不著，被活活餓死了。只有第二間屋內的兩隻猴子先是各自憑著自己的本能蹦跳取食，最後，隨著懸掛食物高度的增加，難度增大，兩隻猴子只有合作才能取得食物，於是，一隻猴子托起另一隻猴子取食。這樣，它們每天都能取得夠吃的食物，全都很好地活了下來。

【感悟】量才適用方能人盡其才

世界上只有混亂的管理，絕無沒用的人才。一個優秀的管理者，首先必須善於識別不同的人才，並把他們分別置於合適的職位上，這樣才能做到人盡其才，各盡所能，並形成一種穩定的人才結構。

儘管量才適用是一個眾所周知的用人原則，但是反其道而行之的現像在現實中總是隨處可見。美國一位大學校長研究了曾在美國一度非常成功，但傳到第二代卻失敗了的75家公司，結果發現，癥結都出在用人上。這些公司都有不少在公司歷史上勤勤懇懇做出過重大貢獻的創業元勛。但隨著時間的推移，這些因有功而位居要職的人，已不具備管理現代企業的能力，不適合繼續留在重要管理職位，而第二代的經營者卻礙於情面，不便辭退他們，最終導致效益滑坡、管理失控、企業倒閉。在我國，國有企業中論輩排資的現象更是十分普遍，導致大量優秀人才「跳槽」和「下海」的現象時有發生；不少民營企業為了回報創業功臣，將「創業元老」委以高職，這讓很多年輕人感覺到「英雄無用武之地」，但更多的家族式企業，一方面從老總到部門經理清一色的家族成員或是裙帶關係，毫不留情地將一些優秀人才擋在門外；另一方面卻大聲疾呼「人才匱乏」。這些企業人事制度的失誤在於，一方面，缺乏一個科學的選人標準。他們在選擇人員時往往只是憑著自己的好惡，根本不考慮工作職位的具體要求和人員特點；另一方面他們又缺乏一套科學的績效考核制度和獎懲制度。礙於情面，對表現不佳的家族成員不敢嚴肅懲處；對表現優異者又不願大張旗鼓地表彰獎勵，不能量才適用，當然也就可能人盡其才，良莠不分，管理失控，必然導致形成消極的企業文化。

　　「實力勝於資歷」，如果想要企業得到更大的發展，就必須「是隻猴子就給他一棵樹抱著；是隻老虎就給他一座山守著；是只蛟龍就給他一條江河去翻騰」。否則，無論多好的企業永遠都只能是原地踏步，甚至被市場淘汰。

第三講 如何才能找到千里馬

一、如何營造企業魅力——吸引人才

吸引和留住人才，是整個餐飲業人力資源管理所關心的核心問題。優秀的人才是企業保持其競爭優勢的基本資源，那麼，如何營造飯店魅力，把優秀的員工吸引過來並使之留住呢？

在我國餐飲業，經常可以聽到這樣一句話：「有為才有位」。筆者認為，這是每個員工自己應該確立的理念。能力並非靠自吹就能凸顯，而是在實踐中閃光的；職位不是主管給的，而是靠業績贏得的；薪酬不是企業發給的，而是靠自己創造的。但是，作為組織，則應確立「有位才有為」的理念，即企業應遵循發展才是硬道理的思想，注重企業的持續發展，為員工的晉升營造空間；同時，必須注重職業生涯的管理，為員工的發展提供平臺。為此，如果想大大提高企業的魅力，吸引優秀員工必須做到以下幾點：

（一）給員工以工作的選擇

一個人的工作成就，除了客觀環境的制約外，從主觀上來看，既取決於他自身的實力，同時也取決於他的努力程度。而一個人的工作努力程度，則主要取決於他對工作的興趣和熱愛。根據行為科學的理論，人只有在做他喜歡做的事情時，才會有最大的主觀能動性；工作適合他的個性素質，才可能最充分地發揮他所具有的能力。所以，為了激發員工的工作熱情，更好地發揮其才能，企業應在條件許可的情況下，儘可能尊重每一個人的選擇權，並且熱情鼓

勵大家勇於「自薦」，在使用過程中，要儘量滿足人才在成長和目標選擇方面的正當要求，努力為他們創造必要的條件，推動他們進入最佳心理狀態，盡快成才。

（二）給員工以職業的規劃

新進入餐飲業的員工處於職業探索階段，對職業缺乏客觀的認識。對此，企業應建立科學的職業規劃制度，設置合理而可行的目標和達標途徑，以幫助他們正確規劃自己的職業生涯。具體地說，首先，企業應建立科學的績效評估制度，瞭解員工現有的才能、特長與績效，評估他們的管理和技術潛質。其次，企業要幫助他們設置合理的職業目標，並提供必要的職業發展訊息。再次，企業要建立必要的溝通制度，使雙方的價值觀和願景達到統一，並幫助工作滿意度低的員工糾正偏差。同時，接受員工的申訴，以避免由於種種原因而壓制員工的不良影響。

（三）給員工以表演的機會

餐飲業作為一個高競爭度的、勞動和資金密集型的傳統產業，其人力資源政策一般應堅持內部培養為主、外部引進為輔的方針。為此，飯店應採取多種方式，給員工提供成長的平臺。餐飲業的經營過程中有不少臨時項目，如，節日慶典、公關策劃等，企業可以擬定某個主題，採用招投標方式，由員工自由組合，組成項目小組，參與該活動的設計與組織。企業應給予員工充分的授權和信任，並允許失敗。以此建立起的員工參與機制，既可以滿足員工自我成就的需要，激發員工的進取精神；又可以使他們在實踐中檢驗自己的實際水平，並磨煉他們的意志，培養他們的能力。當然，飯店也可以透過工作輪換、安排臨時任務等途徑變動員工的工作，給

員工提供各種各樣的經驗，使他們熟悉多樣化的工作，掌握多種職位的服務技能和服務程序，有助於提高員工的協調能力，為日後晉升管理職位創造條件。此外，企業還可給予在基層職位工作了一定時期，並具有一定培養前途的員工一個見習的管理職務，這樣既可以激發員工的工作熱情，鍛鍊他們的管理能力；對企業而言又可以透過對員工見習期的工作表現，考察他們的綜合素質和管理能力，為員工的晉升提供依據。應該說，職務見習是一種能為員工提供管理實踐並開發其潛能的有效手段。

二、招賢納士——選擇自己合適的員工

「巧婦難為無米之炊」，對於企業來說，員工的招聘是人力資源建設工作中重要的一步。餐飲經營活動的諸多要素中，人是首要的、決定性的、具有能動性並處於主導地位的要素，因為一切經營活動最終都是由人來完成的。沒有人的企業是死的企業，人心渙散的企業是破敗的企業。只有提高企業的向心力，充分發揮人在企業中的主觀能動性，企業才有活力。

餐飲行業的員工，大致可分為經營管理人員、產品營銷人員、服務接待人員及生產技術人員四大類。作為經營者，則必須根據餐廳的規模、等級和風格，來確定餐廳需要的員工數量和相應的工作職位，從而進行合理的招聘。

餐飲行業的員工招聘須堅持如下理念和原則：

（一）適用就是人才的理念

　　首先，適用就是人才，表明的是企業的人才理念。根據我國人事部門的規定，對人才一般有三種界定：從知識角度界定，人才是指具有大專學歷以上的人；從技能角度界定，人才是指具有初級專業技術職稱以上的人；從成就角度界定，人才是指有專門技術、發明創造，在某個或某些方面做出特殊貢獻的人。而餐飲業堅持適用就是人才的理念，則表明只要是勝任本職工作的人，都是企業的人才，都應得到相應的尊重和重用而具有廣闊的用武之地。堅持這一理念，有助於調動全體員工的積極性，而不僅僅是某些人的積極性。目前，餐飲業之所以員工流動率居高不下，服務品質和經濟效益每況愈下，原因之一，就是餐飲經營者眼裡只有幾個「臺柱子」，只熱衷於高薪引進所謂的職業經理人和技術人才，而忽略絕大多數員工的利益。這就勢必造成「空降兵」與「地勤兵」的矛盾，從而導致「有人有力使不出，有人則有力不願使」。

　　其次，適用就是人才，表明的是企業的招人理念，即招用合適的人，並不是素質越高越好。至於合適，主要體現在三個方面：一是適應餐飲行業的要求。如，強烈的職業意識、積極的職業心態、良好的職業習慣、特殊的職業技能等。二是適應特定企業的要求，即企業人。不同企業有不同的企業文化和管理風格，對人才也有不同的要求，在某企業如魚得水，春風得意的人，或許換了一個企業，這個人就難以發揮同樣的作用。三是適應特定職位的職業要求，即職位人。職位是組織的細胞，是責任、權力、名稱、素質和利益的結合體。企業對從事不同職位工作的員工素質要求，主要透過飯店的「職務說明書」來表述。其列出了完成某項工作的人所必須具備的素質和條件。這裡的關鍵，就是要找到關鍵要素和核心能力，即決定能否勝任該職位工作的關鍵素質。然而，我國餐飲業往往對此缺乏足夠的研究。例如，身材、年齡、學歷、經驗等作為關

鍵要素；在企業招聘廣告中被列為必要的應聘條件。其實，這些要素應酌情而定，對於新建飯店而言，經驗是關鍵要素；而對於老飯店而言，經驗卻未必是必要條件。餐飲行業招聘員工，既要講究與企業的匹配，也要講究與職位的匹配。目前，很多餐飲企業之所以留不住人才，一個很重要的原因，就在於招進來的人並不適合自己的企業。要麼是文化衝突，無法生存而被迫離去；要麼是品貌、學歷、能力等過剩，心有不甘而另攀高枝。

再次，適用就是人才，表明的是企業的用人理念，即講究能位相稱，職需其人，人盡其才。大材小用、學非所用是埋沒、浪費人才，而小材大用、強人所難則會斷送事業。要做到能位相稱，關鍵，必須注意科學的測評考核機制，做到知人善任，按照人員的能力水平及特長分配適當的工作，使每個人既能勝任現有職務又能充分發揮其內在潛力。此外，還應處理好利用、使用、重用這三個用人的層次關係，並制訂相應的用人制度和策略。

（二）尋找合適員工應遵循的原則

1．選人要與飯店的戰略目標相匹配

人力資源是戰略規劃實施及戰略目標實現的保障。各個飯店在不同階段都會制訂不同的與實際相適應的總體戰略規劃，企業在選擇人才時，必須要考慮資源配置與戰略目標的實現要求相適應。企業沒有戰略目標，就談不上人力資源規劃，更談不上人力資源規劃的實施，在選人時就會產生盲目性。

2．選人要與行業環境和企業地位相適宜

行業環境和企業地位的不同，也會影響到我們選擇人才的具體操作。選人時，首先，要分析所在餐飲業的環境，即行業在整個產業結構中所處的地位如何？其次，分析企業在行業中所處的地位，

行業和自身企業的地位不同，所對應的人才層次也不同，所以飯店只有量身訂製人才選拔策略，才不會導致人才的浪費或流失。

3．選人要與當地的經濟發展水平和人文環境相結合

企業選人時還要考慮到地域的經濟水平和人文環境因素，不能好高騖遠、不切實際，尤其是在選拔高校畢業生時，企業應儘量幫助其認識本企業的地域環境、行業環境、人文環境和當地的實際經濟發展水平，實現自身的透明度。這樣，選與被選雙方才能相互瞭解，才能有益於企業選擇合適的人才，真正做到物有所值甚至物超所值。

4．選人要考慮人才市場的供應現狀

人才市場的供需態勢，總的來說是不為飯店所操控的，然而飯店在選人時卻受到供需現狀的影響。所謂計劃沒有變化快，飯店需要具體情況具體分析，及時調整人才招聘計劃。市場人才興旺時，適當增加招聘人才數量，加強人才儲備；市場人才緊缺時，可適當減少招聘數量和適當降低招聘標準，以適應市場變化。

5．選人要兼顧短期和長期的人才需求

飯店企業選人須制訂短期和長期的人才戰略，並根據人才戰略選擇和儲備相應的人才，以滿足短期人員需求和長期人才儲備，只有合理儲備、優化配置，才能使企業長期處於正常的運轉與發展態勢。

6．選人要考慮人力資源成本

人力資源成本是為取得和開發人力資源而產生的費用支出，包括人力資源取得成本、使用成本、開發成本和離職成本。選人要根據職位所需素質條件，選擇合適的人員，切忌處處用「高人」。用高人不但會使直接薪資成本提高，還容易引起人才流失，造成機會成本增高。

錯誤僱傭是人才流失的真正原因，選人環節不到位，容易造成人才的流失。所以，選好人不但會促進飯店目標的實現，還會大大降低人力資源成本。

（三）選人標準和招聘策略

　　餐飲行業員工的招聘是否有效，主要體現在以下四個方面：一看是否能及時招到所需人員以滿足行業發展的需要；二看是否能以最少的投入招到合適的人才；三看所錄用人員是否真與預想的一致，適合飯店和職位的要求；四看「危險期」（一般指進公司後的6個月）內的離職率。那麼，飯店如何進行有效的員工招聘呢？

　　1．選人標準

　　標準要求是具體的、可衡量的，以作為招聘部門考察人、面試人、篩選人、錄用人的標竿。人才不是越優秀越好，只有適合的才是最好。

　　（1）企業需要什麼樣的人是「軟」素質。這是由企業文化決定的。即選人標準是德才兼備、以德為先，還是德才兼備、以才為先？是強調個性突出，還是強調團隊合作？是開拓型、穩健型，還是側重於考察應聘者的興趣、態度、個性等。

　　（2）職位需要什麼樣的人是「硬」條件。透過職務分析，明確該職位的人所需要具備的學歷、年齡、技能、體能等，是側重於考察應聘者的能力、素質。只有掌握了標準，招聘人員才能做到心中有數，才能用心中的這把「尺」去衡量每一位應聘者。

　　2．招聘策略

　　（1）本地為主，內外結合。員工的挑選，應立足於本地人才市場。這樣既有利於員工的穩定性，同時也可減少飯店在員工福利

方面的開支；並且使用本地人力資源對當地用工制度亦是一種有力的支持與幫助。一些飯店企業一方面，在財務收銀、夜審等職位更加嚴格地規定要使用本地員工，以增強管理的約束力；另一方面，在一些特殊工種和職位，則吸納一些外地人才。

（2）重視員工素質及可塑性。應重點考察員工之基本素質如，文化程度、語言能力、計算機操作等，應適應現代餐飲行業客人日益提高的服務要求；員工的基本素質及可塑性，在一定程度上比其是否具有工作經驗更為重要；雖然這在開始培訓時要多花費一些時間和精力，但在具備一定基礎後，這些員工全面提高的程度和實際操作效果會更快、更好。

（3）與旅遊專業院校建立良好的合作關係。目前，隨著國內旅遊業的發展，各地旅遊專業院校也如雨後春筍般蓬勃發展。由於學生們在學校裡受過2～3年的旅遊專業知識教育，已具備一定程度的專業知識和服務意識，特別是服務意識，比一般非專業學校要強得多。因此，與各家教學效果好、師資力量強的旅遊專業院校建立良好的合作關係，採取合作辦學、定向分配、定點實習等方法，接收一定數量的應屆畢業生或實習生，對企業員工隊伍專業化建設及集中管理具有相當大的益處。

（4）重視員工的品行及敬業精神。企業應將員工的操守及職業道德放在首位。這一點在員工挑選及招聘後的員工思想教育中，均不可忽視。只是把工作當做一種職業，而非一種事業，只是為了「工作」而工作，也是造成「跳槽」、員工流失的起因和萌芽。

3．建立人才訊息儲備

招聘實踐中，常會發現一些條件不錯且適合企業需要的人才，雖因職位編制、企業階段發展計劃等因素的限制而無法即時錄用，但從企業發展來看，可以確定在將來某個時期一定會需要這方面的人才。招聘部門便應將這類人才的訊息納入企業的人才訊息庫（包

括個人資料、面試小組意見、評價等），並不定期地與其保持聯繫，一旦將來出現職位空缺或企業發展需要時，即可招入麾下。這樣既能提高招聘速度又可降低招聘成本。

　　「選人」是人力資源管理之首，是人力資源管理的第一步，如果起點的品質不高，不僅會使後續的人力資源管理工作事倍功半，更會影響到企業決策的執行力。作為承擔著「選人」職能的招聘部門，在埋頭於招聘的同時，也要日省三身，抬頭看看別人是怎麼做的，借鑑國內外企業的成功經驗，探索出適合本企業的有效的招聘方法，提高招聘效率。

三、「科學相馬」，知人善任──選聘人才的程序和步驟

　　餐廳中每個職位需要什麼樣的人？需要多少人？企業必須根據各個餐廳的經營目標、市場定位、規模等級、設備要求及顧客類型來確定餐廳相應的組織機構和職位職務標準，進行定編、定員。然後，根據餐廳各級組織機構、職位職務的專業分工來制訂企業人力資源計劃，並據此確定選聘人才的程序和步驟，為餐廳配置所需的人員（如圖3-2所示）。

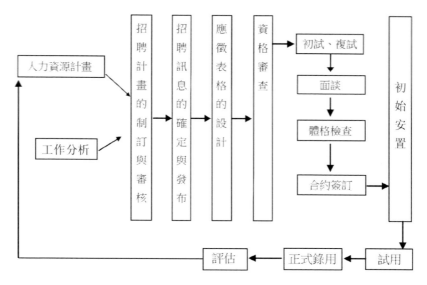

圖3-2 餐飲企業選聘人才的程序和步驟

（一）出現人員空缺時，可供參考的流程

1‧提交「員工招聘申請表」

　　根據本部門工作情況、員工素質情況及用人需求情況，由部門經理填寫「員工招聘申請表」，報主管經理、總經理批准後，交由人力資源部統一組織招聘。

2‧材料準備

　　人力資源部根據餐廳的員工招聘需求，準備以下材料：

　　（1）招聘廣告。招聘廣告包括本企業的基本情況、招聘職位、應聘人員的基本條件、報名方式及報名時間、地點和所須攜帶的證件、材料及其他注意事項。

（2）公司宣傳資料。

3．選擇招聘管道

根據本餐廳工作職位的特點，結合招聘管道的一般特色，企業可以選擇三種招聘管道：參加人才交流會、人才交流中心介紹、刊登報紙廣告。

4．填寫登記表

應聘人員帶本人簡歷及各種證件複印件來公司填寫「應聘人員登記表」。「應聘人員登記表」和應聘人員資料由人力資源部保管。

5．初步篩選

人力資源部對應聘人員資料進行整理、分類，定期交給各主管經理。主管經理根據資料對應聘人員進行初步篩選，確定面試人選，填寫「面試通知」。主管經理將應聘人員資料及「面試通知」送交人力資源部，由人力資源部通知面試人員。

6．初試

初試，一般由主管經理主持。主管經理也可委託他人主持。人力資源部負責面試場所的布置，在面試前將面試人員資料送交主持人。面試時，人力資源部負責對應聘人員的引導工作。

主持人在面試前要填寫「面試人員測評表」，須特別注意填寫「測評內容」的具體項目。主持人應將透過面試的人員介紹到人力資源部，由人力資源部應試人員講解待遇問題並贈送公司宣傳資料。

面試結束後，主持人將「面試人員測評表」及應聘人員資料交到人力資源部。

透過初試並不代表一定被企業錄用。

7．複試

透過初試的人員是否需要參加複試，由主管經理決定。一般情況下，非主管經理主持初試，透過初試的面試者都應參加複試。複試原則上由主管經理主持，一般不得委託他人。複試的程序與初試的程序相同。

（二）餐飲業人力資源招聘管道

人員招聘是餐飲企業招聘活動的重要環節之一。只有將人員吸引過來，才可以進行下一步的選拔錄用工作。所以，招募活動品質的好壞，直接關係到後續工作品質的好壞。其中，人員招聘途徑的選擇是招聘活動的重要內容之一。它的科學選擇對企業招聘成本與招聘效率等都具有重要影響。員工的招聘，可以按照國家現行的勞動人事政策，從旅遊院校中透過全面考核，擇優錄取適合本餐廳工作需要的員工；也可以從在職、離職人員等有社會經驗的人群中招聘具有某種專業技術的人作為本餐廳所急需的人員。透過前一種方式招聘的人，主要是前、後臺的服務人員，後一種方式招聘的則以廚師、採購員或經理人員等。無論採取哪種招聘方式，都必須堅持業務急需、自願報名、全面考核、擇優錄用的原則，以確保員工的品質。

根據招聘對象的來源，我們可將招聘分為內部招聘和外部招聘。內部招聘和外部招聘各自採用的方法不同，但二者的地位同等重要，是相輔相成的。相關職位的空缺究竟採用哪種招聘方式，可在留意整個飯店人才市場的基礎上，根據餐飲企業自身的政策和工作要求來確定。

餐飲企業內部選拔和外部招聘的優劣勢。

1．內部選拔

內部選拔，就是從企業內部進行人員選拔，以補充空缺或新增職位的一種招募途徑。

　　（1）內部選拔的主要形式

　　①內部提升。內部提升，是當部門發生職位空缺時，採用提拔飯店內部符合條件的員工從一個較低職位晉升到一個較高職位的過程。這種選拔方式可以給員工更多的發展機會，調動他們的工作積極性，同時企業對內部員工比較熟悉，可以減少招募風險。這是一種省時、省力、省費用的方法。但由於人員選擇範圍小，可能選不到最優秀的人員，另外會導致內部過分競爭和近親繁殖等。所以飯店在運用這種方式時，一方面，要堅持公正、公平、公開的原則；另一方面，要結合其他方式進行。

　　②內部調換。內部調換也稱為「平調」。它是指被調換者職務級別不發生變化，只是工作職位調整變化。這種調換可以給員工提供更多的嘗試其他工作的機會，減少工作單調性帶來的弊端，同時為其晉升更高職位做好準備。但內部調換要考慮的因素很多，如，調換頻率、調換時機等，過度頻繁的調動，不利於企業工作效率的提高。

　　③工作輪換。工作調換一般用於餐飲中層管理人員，且在時間上往往可能是較長的，甚至是永久的。而工作輪換則是用於餐飲一般員工，它既可使有潛力的員工在各方面累積經驗，為晉升奠定基礎，又可減少員工因長期從事某項工作而產生的無聊感。

　　④內部重聘。這是一種較為特殊的內部招聘。一些企業由於一段時期經營效益不好，會暫時讓一些員工離職待聘，當企業情況好轉時，再重新聘用這些員工。也有些企業將解僱、提前退休或離職待業的員工再招回來工作。就我國目前情況來看，這不失為一種既經濟又有效的方法。

（2）內部選拔的方法

①公告法，又稱為「布告法」，主要目的在於使企業中的全體員工都瞭解哪些職務空缺，需要補充人員，使員工感覺到企業在招募人員這方面的透明度與公平性，並認識到在本企業中，只要自己有能力，透過個人的努力，是有發展機遇的。這將有利於提高企業員工的士氣，培養積極進取精神。公告法，是在確定了空缺職位的性質、職責及其所要求的條件等情況後，將這些訊息以布告的形式公布在企業中一切可利用的布告欄、內部報刊、局域網上，儘可能使全體員工都能獲得訊息，號召有才能、有志氣的員工毛遂自薦，脫穎而出。對此職務有志趣者即可到主管部門和人力資源部門申請。主管部門和人力資源部經過公正、公平、公開的考核，擇優錄取。

②推薦法。這種方法可用於內部招聘，也可用於外部招聘。它是由企業員工根據飯店的需要推薦其熟悉的合適人員，供用人部門和人力資源部進行選擇和考核。由於推薦人對用人部門與被推薦者均比較瞭解，使得被推薦者更容易獲得企業與職位的訊息，便於其決策，也使企業更容易瞭解被推薦者，因而這種方法較為有效，成功的概率較大。

③檔案法。企業的人力資源部存有員工的檔案，從中可以瞭解到員工在教育、培訓、經驗、技能、績效等方面的訊息，幫助用人部門與人力資源部尋找合適的人員補充職位。員工檔案對員工晉升、培訓、發展具有重要作用。因此，員工檔案應力求準確、完備，對員工在職位、技能、教育、績效等方面訊息的變化，應及時做好記錄，為人員選擇與配備做好準備。

內部途徑是一種在企業中經常進行的員工招募途徑。它的最大優勢，是成本小、風險相對低。但當企業內部員工不夠或沒有合適人選時，企業就需要採用外部途徑進行人員招聘活動了。

2．外部招聘

內部選拔雖然有許多優點，但它明顯的缺點是人員選擇的範圍比較小，往往不能滿足企業的需要，尤其是當企業處於創業初期或快速發展的時期，或是需要特殊人才的時候，僅有內部選拔是不夠的，必須借助企業之外的勞動力市場，採用外部招聘的管道來獲得所需的人才。外部招聘的主要途徑有：

（1）人才市場

餐飲企業獲得人力資源可以透過人才交流服務機構，參加各種人才招聘會。在招聘會上設立展位或者到人才交流服務機構去查詢人力資源供給情況。透過人才市場選擇餐飲部的服務人員，有針對性強、費用低廉等優點，但對於廚師或餐飲高級人才的招聘效果不太理想。

（2）校園招聘

從學校直接招聘專業技術人員和管理人員，是大多數餐飲企業目前招聘的主要方式之一。每年學校都有大批畢業生走出校門，包括飯店管理及相關專業的畢業生。這些年輕的學生構成了餐飲業人力資源的生力軍。許多餐飲企業招聘服務人員基本上都是從大、專科旅遊院校直接招聘。但是學校的學生一般沒有工作經驗，所以，對這些人員的招聘不能從經驗上提出過多的要求，考慮到年輕高校學生具有很強的發展潛力，如果發展順利，可在未來一段較長時間成為企業強有力的中堅力量。所以，餐飲企業在招聘學生時須從長計議、放眼未來。

（3）刊登廣告

在媒體上刊登招聘廣告可以減少招聘的工作量。廣告刊登後，只需在企業等待應聘者上門即可。在報紙、電視中刊登招聘廣告費用較大，但容易體現出企業形象。現在很多餐飲企業都會在網上發

布招聘訊息。這也是一種行之有效的辦法。

（4）獵頭公司

獵頭公司是一種特殊的職業中介機構。它是近年來為適應組織對高級人才（如餐飲總監、行政總廚等）的需求與高級人才的求職需求而發展起來的。獵頭公司的服務品質很高，一方面，他與用人單位保持著長期、密切的聯繫，對於組織需求的人才層次、人才種類，包括企業文化、組織目標、職位空缺等情況都十分熟悉，這使得它可以有針對性地為企業選拔到合適的人才，增加人才選聘的成功率；另一方面，獵頭公司對求職者的情況也掌握得很全面，在供需匹配上十分謹慎。

3．廚師的招聘

由於廚房是餐飲企業的生產部門，而且是唯一的一個生產部門，這就確定了廚房在管理上的獨特性。不僅如此，廚房作為生產部門，其生產任務又完全取決於服務銷售的結果，也就是說，廚房的生產管理與一般工業生產的管理具有很大的區別。一家餐廳供應的鮮美可口的菜餚，出自於技術高超的廚師之手。顧客進入餐廳用餐，除了環境的優雅和服務人員的熱情接待是一種享受外，對於能品嚐到色、香、味俱佳的美味佳餚則是更大的滿足，可見廚師在整個餐飲經營中的重要作用。所以，我們在這裡有必要單獨來講一下有關廚師的招聘問題。

廚師在餐飲企業中具有舉足輕重的地位。其技術水平、菜餚特色和受顧客歡迎的程度，直接影響著企業的經濟效益。所以，餐飲企業在選擇廚師時決不可輕率從事。

（1）社會招聘

這種招聘方法一般比較普遍，首先，是由經營者與業內人士取得聯繫，由他們協助先聘用廚師長或技術顧問；其次，再由廚師長

或技術顧問協助聘用其他工作職位的廚師。其招聘方法，分為在報紙上刊登廣告招聘和他人介紹招聘兩種。但都要進行正規的面試、考核、試用，合格者才可正式聘用。

（２）學校招聘

餐飲企業需要什麼樣的廚師，可以先與有關專業廚師培訓學校、職業院校提前簽訂用人合約。適時到當地面試選擇合適的廚師，以組成廚師團隊。由經營者提前選中的廚師長進行培訓，進行開業前技術素質的訓練。因為這些人員基礎好，受過專業訓練，只需進行進一步的規範，統一要求就能上班。這些人員年輕、有朝氣、肯吃苦、幹勁足，但缺乏經驗和較高的技術水平，需要職前、職中的長期培訓，只要有個好的領頭人，這支隊伍就會迅速發展、積聚實力。

（３）承包廚房招聘

這種招聘是由廚師長承包廚房，自己組織一套廚師團隊來承擔廚房的所有生產工作。有與經濟效益掛鉤和不掛鉤兩種薪資發放標準。實踐證明這種招聘廚師的方法，對於經營者而言，可省去找廚師難的苦衷。但是以這種方式聘用的廚師容易與管理層產生矛盾，從整體上管理的困難較多，不易對廚房工作進行控制，甚至會給餐廳帶來不必要的損失。目前，餐飲企業很少使用這種方式進行招聘。

廚師的招聘是餐飲企業錄用人員的一件大事，如果開始時人員基礎就打不好，廚師調換頻繁，會使企業遭受很大的損失。所以招聘廚師無論採用哪種方式都應注意以下幾點：

第一，選聘的廚師長或技術顧問，須著重考察工作經歷、經驗、技術、技能、專業知識面、行業知名度及其管理廚房和用人的能力。

第二，在面試合格的基礎上，注意廚師的綜合素質，主要考核專業技術、技能、合作精神及責任心，要有相應的技術等級證書。

第三，無論哪一種方式招聘的廚師，均須經過試工後再正式錄用，以便更確切地瞭解廚師的真實情況，以防名不副實，影響工作。

（三）招聘流程的六個重要「角落」

招聘對於企業發展的重要性日益顯現，因為高效、科學、規範的招聘程序、方法和管道，不僅有利於提高企業人才的競爭力，更有利於推動企業戰略目標的實現。然而，不可否認的一個現實是，在當今企業的招聘實踐中，總是或多或少地存在著一些問題、一些被忽視的招聘「角落」。如何解決這些問題，如何避免出現被忽略的「角落」已成為當前餐飲企業招聘工作中的一個重點和難點。

1．招聘管道要精選

【相關連結】某飯店人力資源經理李先生近來一直都困惑不已。每次從人才市場出來後，他都有一股沮喪的感覺。一方面，是餐飲總監急配備「餐飲經理」人選；另一方面，是李先生每次去人才市場都無功而返。這種尷尬的困境，想必很多人力資源從業者都不陌生。因為，在飯店的招聘實踐中，發生這種情形的頻率太高了。其一方面嚴重地影響了餐飲企業的招聘效率和招聘品質；另一方面，也加大了餐飲企業招聘的隱性成本和顯性成本。

那麼出現這樣的問題，企業應該如何解決呢？從源頭上講，問題解決的關鍵，還是在於招聘管道的精選。這正如醫學意義上「對症下藥」的道理一樣，企業在安排招聘程序時，需要首先想到的，是「我需要什麼樣的人」；其次才是「怎樣去找到這樣的人」。這就需要做好招聘職位特性與招聘管道特性的結合。要清晰招聘職位

的特性，不僅要明白「我需要什麼樣的人」，還要熟知「這些人」的職位層次、職位重要程度、所屬類別、招聘的緊急程度、薪酬區間、市場供需狀況、活動頻繁區域等；要分析各招聘管道的特性，瞭解不同管道的優點和缺點，只有將各種招聘管道的優點和缺點瞭然於胸，才能做到科學選擇；最後，就是做好招聘職位特性與招聘管道特性的結合工作。拿連結案例中的「餐飲經理」為例，「餐飲經理」職位屬於企業的重要職位，急待招募，合適人選在市場上呈現供不應求的狀態。這一點是該職位的關鍵「特性」，那麼根據這一特性，我們就可以將招聘管道鎖定在獵頭招聘上。因為，獵頭招聘具有效率高、人員品質有保證的「特性」。同理，具體到其他職位也是如此，關鍵是要把握好「辨症」與「下藥」的關係，力爭達到「職位」特性與「管道」特性的最優組合目標。

2．重點要突出──訊息發布要講技巧

常常「逛」人才市場的人，或許都會產生這樣一種印象，即所有招聘海報的格式幾乎都是一樣的，而且各個招聘職位的排版也幾乎大同小異沒有什麼差別。這其實就在某種程度上說明了招聘訊息發布工作沒有得到重視。那麼企業應該怎樣重視訊息發布工作呢？具體來講，在選擇了合適的招聘管道後，企業在訊息發布方面要做好兩點工作：第一，要明確招聘重點。在對外發布招聘訊息時，企業需要根據不同職位人員需求的輕重緩急來確定每次招聘活動的重點，從而為招聘活動確定一個核心；第二，重點職位要突出顯示。一般來講，企業發布招聘訊息的第一目的就是吸引求職者的眼球。那怎樣才能吸引求職者眼球呢？那就是突出顯示。在確定了整個招聘活動的重點和核心職位後，企業就需要在排版上對這些職位訊息進行特殊的設計處理，如放大職位需求訊息、加「急聘」二字等，總之，要使這些職位訊息能夠達到突出、個性、差異的效果。當然，僅做這些還是不夠的，企業還需要選擇合適的人才服務機構、合適的招聘展位、這些都是招聘訊息大範圍傳播的關鍵要素。

3 ・誰也不願意等待──等待地點要費心

　　誰願意等待？誰也不願意等待。但在招聘實踐中，等待是不可避免的。這就需要招聘者在等待地點上花費一番工夫。一是等待地點的選擇。有的企業可能會安排在前臺；有的企業可能安排在部門會議室；有的企業則可能安排在培訓室。不管選擇哪裡作為等待地點，企業始終要把握兩個原則：其一，不能將等待地點安排在人員往來較為頻繁之處，如前臺就不是一個合適之處；其二，要能夠彰顯出企業「尊重人才」的氛圍。地點的選擇直接影射著企業的用人理念，如果企業要營造一種「尊重人才」的氛圍，就需要在地點選擇上進行慎重考慮。二是等待地點的設置。其實任何人員都可能是企業的「服務對象」，透過等待地點的合理設置，不僅有利於提升企業的服務形象和企業文化的對外傳播，而且也有利於增強企業對人才的吸引力，還可有效緩解面試者焦灼等待的情緒。有鑑於此，企業就可以嘗試在等待地點上擺放公司的一些文化宣傳手冊、企業發展史、外界宣傳和評價等，以便在構建優良企業形象、緩解等待情緒的同時，增強企業的人才吸引力。

4 ・寒暄，誰都喜歡──面試發問要有鋪墊

　　寒暄，這個基本的禮儀，也許很多人都比較喜歡，尤其是初次見面時，真摯的寒暄不僅有利於緩解彼此「陌生」的心理環境，更可以營造一種輕鬆的溝通氛圍。那麼，將這個觀點運用到企業招聘實踐中，則要求企業方在面試發問前也先來點鋪墊，透過真摯的寒暄來消減彼此之間的心理距離。例如，當你剛在座位上坐穩，準備迎接撲面而來的「審問」時，結果迎來的卻是「搭什麼車過來的？轉車沒有？路途辛苦了！」一類的話題，朋友式的開場白很快就可以拉近雙方之間的心理「距離」，結果會使整個面試過程在愉快、輕鬆、開誠布公的氛圍中完成。所以說，企業若是真的想在面試中獲取大量應聘者的潛在訊息，一定也要在發問前來點「寒暄」，如

天氣怎麼樣或近來比較熱門的話題等，一方面透過寒暄的實施來凸顯企業對應聘者的關愛和重視，營造一種輕鬆的溝通氛圍；另一方面，也有利於實現企業與應聘者由「對弈共同體」向「合作共同體」的轉變，以求達到雙方開誠布公、知己知彼的溝通效果。

5．察言更要觀色——面試、觀察要「兩不誤」

正如前文所說，面試環節需要解決的主要問題和核心問題，是最大化地獲取應聘者的潛在訊息，從而確保後續錄用決策的準確性和科學性。那麼，怎樣才能最大化地獲取應聘者的潛在訊息呢？答案集中在兩大方面：一察言，二觀色。一般來講，在多數飯店展開的面試中，招聘者都會採用「STAR」原則與應聘者展開面談，所謂STAR原則，即Situation（背景）、Task（任務）、Action（行動）和Result（結果）四個英文單詞首字母的組合。STAR原則是面試過程中涉及實質性內容的談話程序，任何有效的面試都必須遵循這個程序。在與應聘人員交談時：首先，要瞭解應聘人員以前的工作背景，儘可能多地瞭解他先前職公司的經營管理狀況、所在行業的特點、該行業的市場情況，即所謂的背景調查（Situation）。然後著重瞭解該員工具體的工作任務（Task）都是哪些，每項工作任務都是如何完成的，都採取了哪些行動（Action），所採取行動的結果如何（Result）。透過這樣四個步驟，便可基本控制整個面試的過程，透過策略性的交談，對應聘人員的工作經歷與持有的知識和技能做出基本判斷，招聘到更為合適的人才。其實這就是所謂的「察言」。招聘者期望透過應聘者講述過去發生的事件來瞭解其所具備的能力，但有一點需要注意的，是在「察言」中，招聘者要把握兩方面的問題：第一，要注意應聘者的講述方式。有的應聘者可能會倒著講述工作經歷，而有的應聘者則可能順著講述工作經歷，不管採取何種方式講述，招聘人員需要關注的是應聘者講述方式的連貫性，是否具體、有核心，如果應聘者一會兒倒著講，一會兒又順著講，給人一種遊離和空泛的感覺，

這就說明應聘者的邏輯思維能力相對較差，舉一反三，其管理能力也不會很強。第二，要注意應聘者的語氣。語氣，其實就是心理活動的反映，在關注應聘者語氣方面，招聘者需要留意應聘者講述的語速，如，是否有輕重緩急、是否有結巴、是否給人一種自信和鏗鏘有力的感覺。

「察言」之後，面試者還需要「觀色」。因為僅僅「察言」還是不夠的，尤其是對於那些職場老手來說，即使你再仔細的「察言」，也有可能被「忽悠」，所以，面試中的「觀色」也很重要。具體來說，「觀色」也要把握兩點。其一，觀面部表情，如臉色和眼神是怎樣的。其二，觀姿態，如坐姿是否有變化、講述時的手勢是怎樣的。總的說來，「察言與觀色」，一方面，在於檢驗應聘者講述訊息的真實性；另一方面，則在於獲取應聘者潛在的訊息。當然在做這方面工作的同時，不可忘記了記錄工作。

6．策馬不忘揚鞭——招聘評估要及時

招聘評估，也許是一個很容易被遺忘的角落，因為就通常情況來講，企業對招聘工作關注更多的，是原定的招聘目標是否能夠完成。這其實是一種「結果導向式」的評估。但熟知績效管理的從業者都知道，績效管理不僅要評估結果，也要評估過程。所以，飯店招聘評估的焦點，就需要集中在已發生的招聘過程和招聘結果這兩大方面。首先，在過程評估方面，飯店要關注是否有突發事件、突發事件是否得到了合理解決、計劃與實際之間存在哪些差異、是否存在明顯的紕漏之處等幾大指標，而在招聘結果方面，企業主要是鎖定三大關鍵指標，一是成本核算，二是實際到位人數，三是應聘總數。與此同時，在展開招聘評估工作時，企業還須重點把握的一個關鍵點就是「及時性」。通常在完成每個項目或階段性招聘活動之後的一個月內，企業就需要及時展開招聘評估。因為一旦績效評估與招聘活動的間隔時間過長，績效評估的激勵力度就會呈遞減之

勢。所以，及時進行招聘評估不僅是每個項目或階段性招聘活動後的重點工作，而且也是整個招聘流程中需要認真把握的一項重點工作。

四、「賽場識馬」，人盡其才——人才測評

【相關連結】怎樣才能快速、準確地從成千上萬匹良駒中挑選出「千里馬」呢？毛遂的話能帶給我們一些啟示：使之如「錐處囊中，脫穎而出」。給那些良馬以展現才能的機會，也就是讓「群馬」處於同一起跑線上進行比賽。毛遂赴趙、楚合縱，與平原君先前所相的「馬」在同一場合比賽，終於得以「脫穎而出」。可見要尋找「千里馬」就應該讓他們在同一起跑線上來決賽，而不應單靠伯樂來「相馬」。只有賽馬場才能使寶馬良駒一馬當先，顯示其非凡的本領。

在當今起用人才的問題上，伯樂相馬的弊端也是很明顯的，提拔幹部，大多由上級主管部門的主管內定，搞關門點將，其依據則是憑「左右」有所稱頌，自己有所見聞，而對那些默默無聞的「千里馬」卻並不相識。據一家報紙登載：某工廠由上級主管部門起用一批人擔任主管工作，一年後，這家工廠瀕臨倒閉。在這種情況下，廠裡採取公開招聘的方式組建主管團隊，一位很不起眼的技術員透過公平競爭，擔任了廠長職務。一年之後，使這個廠起死回生，除償還了虧損的款項之外，還贏利數十萬元。由此可見，要選一匹真正的千里馬，就得準備一個任其馳騁的賽場，古老的伯樂相馬有時會看走眼而失去千里馬，只有在賽馬場上，才能一眼看出哪個是真正的千里馬。

（一）當今國內外流行的人才測評方法

1 · 履歷分析

個人履歷檔案分析，是根據履歷或檔案中記載的事實，瞭解一個人的成長歷程和工作業績，從而對其人格背景有一定的瞭解。近年來這一方式越來越受到人力資源管理部門的重視，被廣泛地用於人員選拔等人力資源管理活動中。使用個人履歷資料，既可以用於初審個人簡歷，迅速排除明顯不合格的人員，也可根據與工作要求相關性的高低，事先確定履歷中各項內容的權重，把申請人各項得分相加得出總分，根據總分確定選擇決策。

研究結果表明，透過履歷分析可以幫助組織對申請人今後的品德和工作表現做出一定的推測，個體的過去總能從一定程度上表明他的未來。將這種方法用於人員測評，其優點是較為客觀，而且低成本，但也存在幾方面的問題，比如，履歷填寫的真實性問題；履歷分析的預測效度隨著時間的推移會越來越低；履歷項目分數的設計是純實證性的，除了統計數字外，缺乏合乎邏輯的原理解釋。

2 · 卷面考試

卷面考試主要用於測量人的基本知識、專業知識、管理知識、相關知識及綜合分析能力、文字表達能力等綜合的素質、能力要素。它是一種最古老而又最基本的人員測評方式，至今仍是企業組織經常採用的選拔人才的重要方法。

卷面考試在測定知識面和思維分析能力方面效率較高，而且成本低，可以大規模地進行施測，成績評定比較客觀，在人員選拔錄用程序中往往作為初期篩選的工具。

3 · 心理測量和心理測驗

心理測量，是依據確定的原則，透過觀察人的具有代表性的行

為，對貫穿在個人行為活動中的心理特徵進行推論和量化分析的一種科學手段；而心理測驗，則是在心理測量基礎上對個體勝任職務所具有的心理特點進行描述和測量，並廣泛運用於人事測評工作中的一種工具。心理測驗又可細分為標準化測驗和投射測驗兩種模式。

（1）標準化測驗

標準化心理測驗，一般有事前確定好的測驗題目和答卷，詳細的答題說明，以及客觀的計分系統、解釋系統，測驗的信度、效度和項目分析數據等相關資料。通常用於人事測評的心理測驗，主要包括智力測驗、能力傾向測驗、人格測驗及其他心理素質測驗。如，興趣測驗、價值觀測驗、態度測評等。標準化的心理測驗具有使用方便、經濟、客觀等特點。

（2）投射測驗

投射心理測驗，主要是指用於對人格、動機等內容的測量。它要求被測試者對一些模稜兩可、模糊不清或原因不明的刺激做出描述或反應，透過對這些反應的分析來推斷被測試者的內在心理特徵。投射心理測驗的基本原理是基於人們對外在事物的看法，往往反映出其內在真實的心理狀態或特徵的一種假設。投射技術可以使被測試者將不願表現的個性特徵、內在衝突和態度更容易地表達出來，因而在對人格的結構、內容進行深度分析上具有獨特的功能。但投射心理測驗在計分和解釋上相對缺乏客觀標準，對測驗結果的評價容易帶有濃重的主觀色彩，對主試和評分者的要求很高，故一般的人事管理人員無法直接使用。

4．筆跡分析法

根據筆跡來分析書寫人的性格，及與性格特點有關的生活習慣和為人處世風格等，有一定準頭。

5．迷宮遊戲法（e-profiling）

透過迷宮遊戲的方式蒐集被測評者的訊息，是對個人表現和能力進行評估的一種最新方法。它以心理學、醫學及神經學的最新研究成果為基礎，有效地克服了被測者記憶考題產生的問題，從心理學、神經學的雙重角度對被測評者給出客觀而科學的評價。迷宮遊戲法具有簡捷方便、高效度、高信度、低成本、隱蔽性強、趣味性強、無傾向性等優勢。歐美國家在人才招聘和選拔過程中，已廣泛使用「迷宮遊戲」這種人才測評方法。最早推出迷宮分析法的是德國的e-profiling公司和哥廷根大學。因此，這種方法也簡稱為e-profiling測評法。

6．面試

面試，是透過測試者與應試者雙方面對面的觀察、交談，收集有關訊息，從而瞭解應試者的素質狀況、能力特徵及動機的一種人事測量方法。可以說，面試是人事管理領域應用最為普遍的一種測量形式。企業組織在招聘中幾乎都會用到面試。面試是評價應試者素質特徵的一種考試方式，根據招聘對象的水平，面試常採用不同的模式。面試的模式，按應試者的行為反應可分為言談面試和模擬操作面試兩種方式。

言談面試，是指透過測試者與應試者的口頭交流溝通，由測試者提出問題，由應試者口頭回答，以考察應試者的知識層次、業務能力、頭腦機敏度的一種測試方法。

模擬操作面試，是指讓應試者模擬在實際工作職位上的工作情況，由測試者給予應試者特定的工作任務，考察應試者行為反應的一種方法。這種方法是一種簡單的功能模擬測試法。例如企業在招聘廚師時，可採用實地操作的測試方法，以考察應試者技術的嫻熟程度。

（1）根據操作形式的不同，面試可以分為結構化面試和非結構化面試

①結構化面試。所謂結構化面試，是根據對職位的分析，確定面試的測評要素，在每一個測評的維度上預先編制好面試題目並制訂相應的評分標準，對應試者的表現進行量化分析。不同的測試者使用相同的評價尺度，對應聘同一職位的不同應試者使用相同的題目、提問方式、計分和評價標準，以保證評價的公平性、合理性。

②非結構化面試。非結構化面試沒有固定的面談程序，測試者提問的內容和順序取決於測試者的即興發揮和應試者的現場回答，不同測試者對不同應試者所提出的問題可能不同。

（2）根據測評工作的人員組成，面試可分為個人面試、小組面試和集體面試

①個人面試。又可分為一對一面試和主試團面試兩種方式：

一對一面試，多用於較小規模的組織或招聘較低職位員工時採用，有時也用於人員粗選。另外，當公司總經理對人員進行最後錄用決策時也常採用這種方式。一對一的面試能使應試者的心態較為自然，話題往往能夠深入，談話過程容易控制；但缺點是受測試者知識面的限制，考察內容往往不夠全面，而且易受主試官個人情緒的影響。

主試團面試，是由2～5名主考人組成主試團，分別對每個應聘者進行面試。採取這種方式時，主試團成員需要進行角色分配，各自從不同的角色相互配合。一般主試團由3人組成，一位是人事部門經理、一位是用人業務部門經理，另一位是聘請的諮詢機構的人才招聘專家。3人的分工主要側重於評價維度的分配上。如，公司人事部經理可側重於對應聘者求職的動機、薪資要求、人際關係的考察；人事招聘專家則側重於對應試者責任心、應變能力、主管

才能等方面考察；而業務部門一般負責考察應試者相關專業知識和過去的工作成績。主試團面試的不足之處，是容易給應試者造成較大的心理壓力。

②小組面試。當一個職位的應聘人較多時，為了節省時間，讓多個應試者組成一組，由數個面試考官輪流提問，著重考察應試者個性和協調性的面試方式。在小組面試中常在某位應試者回答問題後，主試官突然向其他應試者發問：「對於××先生剛才的回答，其他人有什麼看法？」這時要求應試者舉手回答，能反映一個人的機敏性和主動性。「我基本上贊同剛才那位先生的觀點，但在一點上卻不敢苟同......」這種回答方式既有協調性又具有個性。但回答時間不宜過長，要簡明扼要，否則其在工作中表現出來的個性將會使其他同事難以接受。

③集體面試。將應試者分成數組，每組5～8人。並在測試者數人中確定一個提問者。由提問者提出一個能引起爭論的問題，如：「人才流動是否能促進企業的發展？」等，讓應試者圍繞著問題展開討論，從而考察應試者的溝通能力、協調能力、語言表達能力和主管能力。其他測試者坐在一旁觀摩。這種方法是現代評價核心技術中的無主管小組討論在面試實踐中的應用，與單個面試相比較，具有其獨特的優越性。

（3）根據進程，面試又可分為第一次面試、第二次面試、第三次面試，直至第五次面試

一般常用的是三次面試，稱為三級面試方式。

①第一次面試，常由人事部門的人才招聘員負責接待，對應試者的基本條件進行核實，確認應試者的學歷證明及其工作業績。

②第二次面試，是面試中最重要的一次。常由人事部門和業務部門聯合主持，在有條件的情況下還可能會邀請專門的面試考官參

加，是對應聘者個性特徵、能力傾向、願望動機、業務能力等方面進行的綜合考察，並寫成評語報公司人事總裁。

③第三次面試，由餐飲企業人力資源部總經理直接約見，主要是在第二次面試的基礎上，考察應試者的適用能力和應變能力。第三次面試往往是短時間的面談。

一般擬招人員的層次愈高，面試的次數也愈多。一般人員的錄用常由人事部門和業務部門面試後直接決定，只有中層以上幹部的錄用，才必須由企業人事總裁直接參與。

面試的特點是靈活性，獲得的訊息豐富、完整而深入，但同時也具有主觀性強、成本高、效率低等弱點。

7．情景模擬

情景模擬，是透過設置一種逼真的管理系統或工作場景，讓應試者參與其中，按測試者提出的要求，完成一項或一系列任務。在此過程中，測試者根據應試者的表現或透過模擬提交的報告、總結材料為其評分，並以此來預測應試者在擬聘職位上的實際工作能力和水平。情景模擬測驗主要適用於管理人員和某些專業人員。

8．評價中心技術

評價中心技術在「二戰」後迅速發展起來，它是現代人事測評的一種主要形式，被認為是一種針對高級管理人員的最有效的測評方法。一次完整的測評通常需要2～3天的時間，對個人的評價是在團體中進行的。通常是將應試者組成一個小組，由一組測試人員（通常測試人員與應試者的數量比為1：2）對一組應試者進行包括心理測驗、面試、多項情景模擬測驗在內的一系列測評。測評結果是在多個測試者系統觀察的基礎上綜合得出的。

嚴格講，評價中心是一種程序而不是一種機構或具體的方法；是組織選拔管理人員的一項人事評價過程，也不是空間場所、地

點。它由多個評價人員，針對特定的目的與標準，使用多種主客觀人事評價方法，對應試者的各種能力進行評價，為組織選拔、提升、鑒別、發展和訓練個人服務。評價中心的最大特點，是注重情景模擬，在一次評價中心中包含多個情景模擬測驗，可以說評價中心既源於情景模擬，又不同於簡單的情景模擬，是多種測評方法的有機結合。

評價中心具有較高的信度和效度，得出的結論品質較高，但與其他測評方法比較，評價中心需投入很大的人力、物力，且時間較長，操作難度大，對測試者的要求很高。

第四講 培訓管理——有效的雙贏措施

一、培訓與餐飲員工跳槽頻繁之矛盾

培訓在餐飲企業裡的重要性不言而喻。很多餐飲企業花費大量的人力、物力展開各種不同的培訓項目。這些培訓不僅包括操作技能、服務意識等專業知識，很多餐飲企業還開設禮儀、化妝、外語等提高員工個人綜合素質方面的培訓。企業把一名從未涉足餐飲業的員工培養成為一名業務技能過硬、具有良好服務意識及溝通技巧的高素質餐飲服務員，需要投入大量的人力、物力、精力和時間。但是，目前也存在著一種令人頭疼的普遍現狀，那就是持續已久的員工高流失率。

員工的高流失率一直是困擾餐飲企業管理者的難題。其他行業正常的員工流失率一般在5%～10%左右，然而，國內餐飲業員工流動率卻遠遠超過這個數字。根據中國旅遊協會人力資源開發培訓中心對國內23個城市33家2～5星級飯店人力資源管理與開發的調查統計，2000～2005年，餐飲業員工平均流失率高達24%。近年來，隨著餐飲業競爭的日趨激烈，員工流失率還在持續增高，某些城市餐飲業的員工年流失率甚至達到了45%。

面對這樣一些令人驚心的數字，很多餐飲業對培訓的投入變得患得患失，一方面，如果不培訓，剛剛入職的新員工不可能立刻熟悉工作，往往難以保證原有的生產效率和服務品質，劣質服務還會影響到企業形象，從而影響企業長期以來苦心經營的品牌形象；如果進行高品質的培訓，又勢必投入較高。因此，持續增長的高流失

率往往讓經營者不敢在培訓上投入更多，培訓就變得像走過場一樣，越簡單越好。這種走過場式的培訓讓員工感覺學不到東西，工作起來像混日子，進一步加重了員工的流失率。實際上透過對餐飲業流失員工的調查發現，除了工作強度高、工作時間長等因素外，普遍認為薪資水平並不是員工選擇辭職的主要原因，更多的，是因為工作環境沈悶、人際關係複雜、發展空間小等原因造成的企業責任感缺失而最終選擇跳槽。不培訓不行，培訓又怕員工跳槽，因此，培訓的成本投入與高流失率形成惡性循環。如何協調這兩方面的矛盾，成為諸多餐飲企業長期面臨的困繞和難題。

淨雅餐飲集團，創建於1988年，創立之初是一家投資僅7000元的牛肉包子鋪，經過21年的奮鬥，現在已經成為全國知名企業，在北京、濟南、威海有9家分店，發展成為總營業面積9萬餘平方公尺、員工近3000人、總資產17億元的大型企業集團。到淨雅就餐的客人除了對菜品讚不絕口外，更多的，是對其極致服務的褒獎。淨雅的成功與它擁有一支優秀的管理團隊和服務團隊是密不可分的。2000年初，淨雅的發展規模遠沒有達到目前的水平，但其高層管理團隊認識到優秀的員工隊伍對企業發展的重要性。為了避免人才的缺失成為企業發展的瓶頸，2000年初淨雅在威海斥巨資成立了淨雅培訓基地。該基地占地16.000平方公尺，專門聘請香港設計師設計，配有現代化的教學大樓，內設大型多功能會議廳、多媒體教室、訊息中心、榮譽室、形體教室、禮儀教室、擺臺教室、圖書室、餐具展示、攀岩牆壁等教學設施一應俱全。同時，培訓基地配有一支專門的培訓團隊，教學管理實行完全軍事化，學員的作息時間、活動內容均有非常嚴格的要求。可以說淨雅形成了獨具特色的培訓體系，多種教學模塊有機地整合在一起，對員工進行全方位的立體培訓。靜雅集團對培訓的重視與投入，在國內餐飲業堪稱首屈一指，每年僅投入培訓基地的營運費用就高達500萬元。這的確是一筆不小的投入。但透過高標準、嚴要求的培訓，卻

擁有了一大批業務素質過硬、企業忠誠度高的員工。他們為客人提供的高品質服務，給淨雅帶來的是巨大的經濟回報和社會效益，可以說正是出色的服務成就了今天的靜雅。經營之神松下幸之助曾經說過：培訓很貴，但不培訓更貴。靜雅的培訓恰好說明了這一點。

淨雅餐飲集團在培訓方面取得的成功案例，可能有很多中小規模的餐飲企業沒有實力效仿，但從中卻可以看出，培訓對於降低員工流失率，提高員工的企業忠誠度是至關重要的。關鍵是要把握好培訓的要點所在，不可僅僅侷限在為了提高服務技能而培訓，而是要把握員工的思想動態，以企業文化作為切入點，讓員工認同企業的文化，真正融入企業當中來，把個人的發展與企業的發展緊密地聯繫在一起，不能抱著「能幹就幹，不能幹就走人」的臨時工思想去工作，也就是說企業要注重給員工「洗腦」，從思想上留住員工、從行動上感化員工。培訓投入與餐飲員工跳槽頻繁表面上看是矛盾的，但這種矛盾是可以調和的，恰當的培訓模式可以大大降低員工的跳槽頻率。

二、「師傅帶徒弟」，孰是孰非

餐飲業裡廣為使用的新員工培訓方法，是先安排新員工接受一段時間（大約1～2週）的共性培訓，主要培訓員工手冊、考勤薪酬制度、行為規範等方面的內容。然後分配到服務部門。新員工進入部門後一般再進行1～3個月的跟班操作，通常被稱為「師傅帶徒弟」式培訓。新員工分到部門後，部門首先會安排新員工學習部門的一些規章制度和操作流程，由專門負責培訓的管理人員進行講解。隨後給每位新員工指派一名「師傅」進行跟班學習。在未來的一段時間裡，這位「師傅」就是新員工的培訓老師。培訓內容包括操作技能、服務流程、突發事件處理及與其他部門、人員的溝通

等。實際上，這名「師傅」才是新員工真正意義上的培訓師。

這種培訓方式最大的優勢，就是讓員工從實踐中瞭解工作、總結經驗，可以迅速地瞭解和熟悉業務，同時，也節省了餐飲企業大量的精力和人力的投入。但此類培訓模式也有著很大的弊端。餐飲業是一個勞動密集型行業，人多的地方就會有複雜的人際關係，就會產生多重矛盾，加之餐飲工作的重覆性強，故很容易使員工產生職業倦怠感。這種職業倦怠感在老員工帶新員工的過程中，會傳遞給新員工，讓新員工對工作的期望值和熱情迅速降低，從而會削弱其對企業的美好願景，降低對企業的忠誠度。

「師傅帶徒弟」這種鬆散式的培訓，沒有統一的規範標準，培訓效果的好壞很大程度上與「師傅」的水平密切相關，培訓出來的員工也會因為「師傅」的水平不同而有所差異。新員工服務技能、服務意識等方面會出現很大差別，同時新員工也會把老員工身上的不良習氣迅速地消化吸收，甚至「發揚光大」。雖然很多企業也意識到了這一點，但苦於多數中小型餐飲企業專門負責培訓的人員設置不多，甚至有的企業根本不設置專職培訓人員，沒有那麼多的精力和人力進行專業技能培訓，只能依靠這種「師傅帶徒弟」的培訓方法。畢竟能夠像淨雅餐飲集團建立培訓基地的企業是少數，尤其對於單體餐飲企業來說，培訓的成本較之連鎖餐飲業要高出很多。因此，雖然大家都認為培訓是必需的，但培訓是一項長期的持續性投資，不可能有立竿見影的效果。這樣一來，對於部分追求短期效益的企業而言，培訓投入的回報率是不能讓其滿意的。基於上述原因，「師傅帶徒弟」的培訓模式在很多企業裡仍然盛行。那麼單體餐飲企業如何解決目前這種培訓困境呢？

山東大廈是山東省內規模最大的五星級飯店，建築面積達13萬平方公尺，飯店員工上千人，僅餐飲部就有近500名員工。開業之初，其採用的培訓方式就是前述「師傅帶徒弟」的傳統模式。隨

著企業的發展與壯大，這種培訓模式的弊端日益凸顯，人才的缺失成為其發展的桎梏。實際上山東大廈的員工無論是個人形象還是綜合素質，均屬上乘，但就是因為這種不規範的培訓模式，使其服務標準不統一。員工在服務過程中缺少一種「服務信仰」，想做好卻不知如何去做，有熱情卻無法讓客人感覺到服務的品質。飯店高層管理人員意識到傳統培訓模式給企業發展帶來的阻力，決心徹底改變這種「師傅帶徒弟」的培訓模式。

結合飯店部門多、專業性強、人員分工細緻的特點，經過多方考察，山東大廈創出了一條獨具特色的「校企合作」培訓模式。山東大廈與山東旅遊職業學院聯合成立了山東大廈培訓基地，充分利用旅遊職業學院的專業師資力量。新員工入職需要進入培訓基地進行共性培訓、軍訓及相關專業的培訓。如，前廳、客房、餐飲、銷售等，各方面業務技能合格後方可進入部門上班。共性培訓和軍訓由大廈專職培訓人員負責，各類專業培訓則由山東旅遊職業學院的專業教師負責。所有的新員工在培訓結束後必須接受嚴格的考核，只有各方面全部達標方可分配至相關部門。新員工進入部門後，經過一段時間的業務熟悉（視部門不同，時間長短不一）就可以直接上班了。另外，山東大廈還創建了一套「整建制培訓」，與國內知名院校、培訓大師定期進行指定課程的培訓。

透過一系列的培訓改革，山東大廈已經建立了一套完整的培訓體系，服務品質日臻完善，客人的滿意度大幅提高，品牌也得到了很大的提升，成為單體飯店創新培訓模式的典範。

三、「拿來就是創新」——廚師培訓
的捷徑

餐飲業工作有很大的難度，正如淨雅集團董事長張永舵先生所言「餐飲是一個好人不稀罕幹，懶人又幹不起的行業」。「好人不稀罕幹」，是指追求高利潤回報率的企業家不做餐飲，因為風險小、門檻低，賺不了大錢；而「懶人又幹不起」則是指沒有敬業精神、不懂管理、沒有事業心，就一定幹不好餐飲。張永舵先生一直以「烹小鮮若治大國」來經營自己的企業，自始至終兢兢業業，正是持有這種經營理念，淨雅才能走進胡潤排行榜。

菜品是客人來店消費所享受到的實物產品。俗話說「眾口難調」，同一道菜有人喜歡吃，也有人不喜歡吃；同樣的菜，吃得久了就厭煩了，不想再吃了；甚至還會出現同樣一道菜、同一個人，不同的心情對味道的感覺也會產生變化。可想而知，要想做好餐飲這一行是有多難了。

餐飲企業要想留住客人，菜品是關鍵，而菜品的不斷創新又是關鍵中的關鍵，試想今天來你家店裡吃這些菜，明天來還是同樣的菜，山珍海味、美味佳餚天天吃也會煩的。因此，創新對餐飲界來說是企業的生命線。而創新菜的成功與否，唯一的評價標準是就從客人嘴裡吃出來的。客人的需要就是市場的需求。面對競爭日益激烈的餐飲市場，沒有創新就意味著滅亡。很多企業制訂了很多政策，如，規定廚師每月創新菜的數量，並且每天進行菜品點擊率的統計，點擊率低的菜就會被撤掉，而這又直接與廚師的績效掛鉤，廚師的壓力可想而知。

中國菜講究的是色香味俱全，尤其是現今人們對菜品的營養搭配和綠色環保更加注重。如此高頻率的繁雜創新，僅靠廚師的自創

是遠遠不夠的。更多的餐飲專業人士會天南海北的試菜，多走多品，充分尋找與自家菜品特色的交會點。這種拿來主義，其實不乏是一種好辦法，正如一位餐飲企業高管所言「拿來就是創新」。實際上菜品並不存在剽竊之說，只要不是拿別人獨家創新的菜品去參加什麼烹飪大賽，一般是不會有什麼問題的。很多高明的廚師也不會完全照搬別家的菜品、菜式。他總會在裝盤、輔料或口味上做一些調整，使之與本企業更加適合，也更趨於常客的飲食習慣和口味。但鑑於原材料的侷限性和區域飲食習慣、口味的差異性，並不是所有的菜都適合「拿來」。因此，廚師在選擇是否「拿來」時，一定要注意其與本地區、本企業的可溶性。「拿來」的菜品一定要有特色，並在一定時期內能夠保持較高的點擊率，這才能算是成功的「拿來就是創新」。

　　餐飲企業定期舉辦的美食節，如「徽菜美食節」、「川菜美食節」、「魯菜美食節」、「墨西哥啤酒節」等，某些程度上也是實行的「拿來主義」。美食節多以一個地區較為有名的特色為主題。美食節要想舉辦成功，籌備工作非常重要。前期市場的調查、菜品的確定及原材料的供給都需要做好充分準備，重要的是，最好能請到當地有名的主廚前來料理，那樣效果會更好。請名廚會造成一舉多得的妙用，首先，有可供宣傳的噱頭，如，開國大宴主廚親臨；其次，名廚主理的菜餚更加正宗，使客人流連忘返、多次惠顧；最後可以使本店廚師有近距離觀摩的機會，要知道這樣的機會是非常難得的。一般去其他餐飲企業學藝，只能在餐桌上品嚐一下菜品，大約知道主配料的搭配，想進廚房看看幾乎是不可能的。

　　舉辦美食節最忌諱的就是草率，只是做個樣子，搬個展臺、拉個條幅就辦成了美食節，對企業的促銷起不到任何積極作用，反而會增加客人的反感。

廚師的培訓最重要的就是交流，集百家所長。廚師對菜品瞭然於胸，才能做到信手拈來。正如「讀書破萬卷，下筆如有神」，一樣的道理。

四、培訓帶給餐飲企業的巨大收益

如今餐飲行業缺乏高素質、高品質的管理人員，企業獲得此類人才一般會透過外部招聘或內部培訓兩種途徑。兩種途徑各有利弊：外部招聘的優勢，是可以招募到具有高水平的人才，減少培訓開支；缺點是，招聘的人才對企業文化的認同要經歷一段時間，並且會出現不認同本企業文化，最終無法融入本企業的狀況。而內部培訓、提拔的員工對現在的工作熟悉，不會造成業務脫節，延續性較好，也給了員工更多的發展空間；缺點是，容易產生「近親繁殖」，「遺傳病」容易導致創新能力欠佳。其實，餐飲業選擇管理人員，更多的企業會在現有人員中進行選拔，給員工以更多的發展空間。這就要求企業對員工的培訓有足夠的重視和力度。

日本松下電器公司有句名言：「出產品之前先出人才。」其創始人松下幸之助先生更是強調：「一個天才的企業家總是不失時機地把對職員的培養和訓練擺上重要的議事日程。教育是現代經濟社會大背景下的殺手鐧，誰擁有它，誰就預示著成功，只有傻瓜或自願把自己的企業推向懸崖峭壁的人，才會對教育置若罔聞。」

培訓對於企業來說，不僅是一種投入，更是一種產出。培訓可以有效降低事故的發生。餐飲業常見的事故有：食物中毒、起火、燙傷等。這些事故80%以上是由於員工不懂安全知識和違規操作釀成的。透過安全操作方面的培訓，事故的發生頻率就會大幅降低。培訓還可使員工掌握正確的操作方法，糾正錯誤和不良的工作習慣，促進工作品質的提高，從而提高勞動生產率，還可以造成降低原材料、物料及能源的損耗。

培訓在為餐飲企業帶來效益的同時，也提高了員工的綜合素質，培養了他們的創新能力，激勵員工以不斷提高服務品質來滿足市場需要，從而擴大本企業產品的市場占有率，改進管理內容。培訓後的員工整體素質得到較大幅度的提高。他們會自覺地把自己當做企業的主人，主動服從和參與企業的管理，對企業產生歸屬感。同時，培訓可以增強員工的職業穩定性。企業為了培訓員工，特別是為培訓特殊技能的員工提供了優越的條件，所以，一般情況下企業不會隨便解僱這些員工；從員工來看，他們把參加培訓、外出學習、外包深造、出國進修等，當做是企業對自己的一種獎勵。員工經過培訓，素質、能力得到提高後，在工作中表現得更為突出，就更有可能受到企業的重用或晉升。員工也因此更願意為企業服務，極大地提高了員工的穩定性。

　　隨著餐飲業的發展，中國的餐飲企業面臨著更加嚴峻的挑戰和殘酷競爭。當代餐飲企業的競爭很大程度上是人才的競爭。人才是餐飲企業生存發展的核心要素，打造一支優秀的員工隊伍和管理團隊，是眾多企業夢寐以求的事。重視員工培訓，對企業、對員工都是一個雙贏的選擇。它可以有效地增加企業的核心競爭力。總之，人才是企業的靈魂，只有留住人才，用好人才，才能使企業在激烈的市場競爭中做大、做優、做強，永遠立於不敗之地。

第五講 激發員工工作熱情，彰顯企業活力

一、激勵就是需求的滿足

一名跳槽到四星級飯店的員工說：「雖然我非常喜歡原來的飯店，但跳槽到的這家飯店可以讓我由一名領班晉升為主管，而且薪資是原來的一倍。這家飯店的總監很欣賞我，我需要被認可，我喜歡這樣的主管方式。」

透過這段話，我們不難發現，這名員工跳槽的原因除最主要的動機——晉升和薪資外，還有一些小的動機。這些動機加在一起就促成了的她的跳槽。因此，一般來講，人的動機都是複雜的。

動機和激勵的區別在於動機只能促使自身行動，而激勵卻可以促使人的行動。最古老的激勵理論就是「大棒加胡蘿蔔」理論。此理論根基很深，刺激源於拉丁語「趕牛棒」，用於鞭打牲畜，讓它們被迫去幹活兒。

假設有一頭不愛動的驢，有兩個方法可以讓它為主人幹活兒。一是不停地鞭打它；二是在它面前放一個胡蘿蔔做誘餌。對主人而言，用什麼方法都無所謂，只要省力且有效即可。畢竟，驢是幫人幹活兒的，而不是消耗人的體力。胡蘿蔔和大棒都可以用來幫助驢集中精力幹活兒。胡蘿蔔是滿足驢填飽肚子的需求，當驢餓的時候這招很管用。但如果它不餓，或是吃煩了胡蘿蔔，這招就沒用了。此時，如果主人鞭打驢，為了避免疼痛，驢會按照人的指令行事。但是，由於這種方式是建立在痛苦和恐懼之上的，因此，是所有動

物和人都深惡痛絕的。當然，人和驢有著很多的不同，驢不會講話，我們只能透過實驗找到對它們最有效的激勵方式，而人就不同了。人是有思想、有感情的高級動物。我們可以透過溝通瞭解每個人的需求。更值得注意的是，驢只有吃飽和免受痛苦這兩種需求；而人類的需求則是多種多樣的。

（一）馬斯洛的需求層次論

關於人類的需求層次理論，對管理者影響最大的，應該是馬斯洛的需求層次論。該理論的核心內容和最大特點是提出並說明了人的內在需求才是激勵的主要原因。這些需求按照從高到低的順序排列，當低層次的需求得到滿足後，高層次的需求才會產生。得到滿足後的需求是不會造成激勵作用的。馬斯洛提出人的需要的五個層次如下：

1．生理需要

生理需要，是人類生存的基本需要。如，吃、喝、住、行和愛的需要等。針對餐飲工作連續性、高強度的特點，許多餐飲企業採取的福利措施包括：一般設有員工餐廳供員工免費用餐，提供宿舍供員工休息，為員工購買交通月票等。滿足員工的基本生理需要，可以保證員工有精力完成工作。值得注意的是，滿足員工基本生理需要也是隨著社會的發展而發展的，如員工買房、買車的需要，在以前可能被認為是奢侈品的需要，而目前正在逐步成為基本的生活需要。

2．安全需要

安全需要，包括心理上與物質上的安全保障。如，不受盜竊和威脅，預防危險事故，職業有保障，有社會保險和醫療保險等。在激勵員工方面，餐飲業可以從員工更深層的人身安全和職業安全角

度考慮，為員工提供醫療、工傷或意外傷害保險，是滿足員工人身安全的重要方面。

用工保障制度可以滿足員工職業安全的需要。餐飲業員工流動性大，一方面，是因為餐飲企業數量眾多，規模差別很大；另一方面，也有員工素質和管理不善的原因。在這種情況下，哪個企業能注重為優秀員工提供完善的職業保障，就能吸引和留住優秀員工。

3．社交需要

人是社會的一員，需要友誼和群體的歸屬感，人際交往需要彼此同情、互助和讚許。餐飲業強調「微笑服務」，試想，如果員工心情不舒暢，怎麼能夠做到「微笑服務」呢？餐飲業應組織各種團體活動，如，球賽、歌詠比賽、游泳等。這些活動發展了員工興趣，在為員工提供交友機會的同時，也為企業創造了良好的文化氛圍，促進了部門間的合作。同時，餐飲業主管還應注意恰到好處地關心員工的情感生活，包括友情、親情和愛情，使員工在企業也能感受到家的溫暖，從而產生歸屬感。

4．尊重需要

尊重需要，包括受到他人的尊重和個人內在的自尊心。尊重員工，是餐飲業主管的第一要務，特別是對於相對成熟的員工，應給予充分的尊重，多採用協商的方式和口氣，減少管理者的干預，充分理解員工的自尊，發揮員工的自主性；過多的干涉有時反而會適得其反。

此外，在遇到客人不尊重員工的情況時，企業主管也應妥善處理。首先，應防患於未然，透過培訓教育使員工在服務中注意保持自尊，並透過適當方式提醒客人尊重飯店員工的勞動；其次，一旦發生了客人不尊重員工的情況時，要注重妥善處理，既要爭取客人的理解，又要給予員工以適當的安慰（如，當著客人的面批評員

工，客人走了以後再安慰員工等）。

5．自我實現需要

自我實現的需要，是指透過自己的努力，實現自己對生活的期望，從而真正感受到生活和工作的意義。在餐飲業中，有自我實現需要的員工，主要是在工作中具備相關知識、有一定經驗的優秀員工。這些員工有著強烈的發揮自身潛能、實現理想、獲得有挑戰性工作的願望。企業可透過使其得到晉升、負責一個獨立部門的工作或承擔一項能發揮其能力的重任，來滿足員工的成就感；也可以透過內部競聘上班或重獎做出特殊貢獻的優秀員工的方式，來滿足員工自我實現的需要，同時也達到留住和吸引優秀員工、用人所長的目的。

（二）激勵因素——保健因素理論

「保健因素」理論，是美國行為科學家弗雷德里克·赫茨伯格（Fredrick Herzberg）提出來的，又稱為「雙因素理論」。20世紀50年代末期，赫茨伯格及其助手們在美國匹茲堡地區對200名工程師、會計師進行了調查訪問。調查發現，使員工感到滿意的，都是屬於工作本身或工作內容方面的因素；使員工感到不滿意的，則都是屬於工作環境或工作關係方面的因素。他把前者叫做激勵因素，把後者叫做保健因素。

保健因素的滿足對員工產生的效果，類似於衛生保健對身體健康所起的作用。保健因素包括：公司政策、管理措施、監督、人際關係、物質工作條件、薪資、福利等。當這些因素惡化到員工認為可以接受的水平以下時，人們就會產生對工作的不滿意；但是，當人們認為這些因素很好時，也只是消除了不滿意，並不會導致積極的態度。這就形成了某種既不是滿意又不是不滿意的中性狀態。

那些能帶來積極態度、滿意和激勵作用的因素叫做「激勵因素」。「激勵因素」是那些能夠滿足員工自我實現需要的因素。它包括：成就、賞識、挑戰性的工作、增加的工作責任，以及成長和發展的機會。這些因素能對員工產生極大的激勵。按照赫茨伯格的理論，管理者應該認識到保健因素是必需的，不過它一旦使「不滿意」得到中和後，就不能產生更積極的效果。只有「激勵因素」，才能使人們有更好的工作成績。

赫茨伯格的雙因素理論同馬斯洛的需要層次論有相似之處。他提出的保健因素相當於馬斯洛提出的生理需要、安全需要、感情需要等較低級的需要；激勵因素則相當於受人尊敬的需要、自我實現的需要等較高級的需要。

保健因素理論在飯店的應用：

按照保健因素理論所說，成就、職責、晉升等都是激勵因素，重視這些因素可以更好地激勵員工，而物質、經濟、安全、人際關係和管理等因素屬於保健因素，重視這些因素可以造成維持、保健的作用。單純依靠增加薪金、改善工作條件等外在誘因造成的激勵作用是有限的。為使員工的積極性得到充分發揮，必須重視激勵因素的作用，為員工提供做出貢獻與取得成就的機會，豐富其工作內容，增加其工作趣味，並賦予其必要的責任，使員工從工作中獲得企業及他人的承認。例如，一些餐飲業管理者為員工過生日，這可以被看做是重視了保健因素，雖然能造成的激勵作用是有限的，但也是必要的；有些餐飲業選拔優秀員工到國外學習，選拔中層管理人員擔任連鎖店的總經理，則是重視了激勵因素。

二、激勵是常規工作而非短期行為

（一）口號激勵是「欺騙」

　　激勵不僅僅是喊喊口號，更不是一種救火行為。其根本目的在於激勵員工努力完成任務。「員工是企業的主人」、「以人為本」這樣的話喊了很多年，但實際上很多企業並未很好地去貫徹。有時，我們與老員工交流或是與離職員工溝通，經常會獲得這樣的訊息：「做了很長時間，服務也不錯，業績也還好，為什麼其他人的待遇比我高？為什麼新進部門的人員，提升機會比我大？為什麼有了投訴，承擔責任的總是我？」雖然這些抱怨中或許摻雜了一些個人情緒，但這也確實說明了一個問題，即企業並沒有有效地激勵員工，真正使員工滿意。

（二）沒有機制等於沒有激勵

　　要給員工以正確的激勵，並非簡單的只是個物質手段或精神激勵機制如何設計的問題，更重要的，應該是如何構築與企業文化相匹配的激勵機制的問題。企業文化是人力資源管理的重要機制，只有當企業文化能夠真正融入每個員工內心時，他們才能把企業的目標當成自己的奮鬥目標，才能真正激發員工的主動性。同時，在激勵機制建立和執行時，我們必須做到如下兩點：一是堅定的承諾必須堅定地履行，否則將有損於執行的力度；二是明確的承諾必須準確地履行，否則，經常打折扣的承諾將成為執行力提升的潛在瓶頸。

（三）公平至上

沒有公平的前提，激勵只會造成混亂而不能激發熱情。管理者不論用哪種激勵方式，其目的不外乎是希望員工能安心於本職工作並有良好的績效表現和創新能力。但公平與否，是激勵過程中最引人注目的問題。

三、主管力和激勵

（一）主管的職能

「主管」與「管理」既有密切聯繫，也有本質區別。很多人認為，主管不過是管理的一種別稱，其實，主管完全可以和管理相提並論。這種認識是不對的。

首先，從字面上看。主管的詞典解釋，為率領並引導朝一定方向前進；而管理的詞典解釋，則為負責某項工作順利進行、保管和料理、照管並約束。從詞典對這兩個詞的概念解釋來看，二者的區別十分明顯：前者，比較宏觀也比較虛擬；後者，則比較具體也比較實際。前者強調的，是主管者要身先士卒，以自身的模範行動影響被主管者，同時要用先進的思想理論宣傳教育、凝聚被主管者，使他們自覺自願地跟隨前行。而後者強調的，則是管理者要運用相關的法律和制度，管好自己所負責的人和事。前者屬於思想、理論和倫理的範疇，不具有法規的強制性；而後者則屬於法律法規的範疇，具有強制性的意義。因此，二者間不只是數量上的差異，而是本質上的差別，但聯繫卻又十分密切。二者原本是同一事物的兩個方面，缺一不可。區別得好、結合得好，就會相得益彰；區別不好、結合不好，則會相互混淆和干擾。

（二）是主管人還是經理人

　　經理人，經常被認為是完成別人制訂的目標的人；而主管人，則被認為是根據組織的基本目標、形勢的變化及挑戰，制訂新目標、新任務的人。經理人經常使用獎勵和懲罰的雙重辦法來激勵下屬，而主管人則偶爾使用獎勵和懲罰的方法。一般情況下，主管人是透過以身作則來達到激勵的效果。人們常說「你可以當一個管理者，但是，直至得到下屬真心誠意的擁護時，你才能成為一個主管人」（如圖5-1所示）。

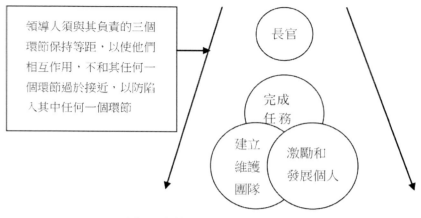

領導人須與其負責的三個環節保持等距，以使他們相互作用，不和其任何一個環節過於接近，以防陷入其中任何一個環節

長官

完成任務

建立維護團隊

激勵和發展個人

圖5-1　領導人物高空觀察法示意圖

四、物質激勵VS精神激勵

　　心理學家把人的需求分為兩大類，即物質需求和精神需求。激勵，作為對人的管理中最核心的手段，其作用的基礎就是首先考慮到人的物質需求，進而將個人需求和組織需求有機地結合起來，使員工能夠更好地為企業效力。

（一）物質方面

　　①嚴格實行按勞分配。

　　②強化考核，以考評結果作為報酬分配的依據。

　　③透過合理的分配，將員工績效與報酬掛鉤，透過分配量的差異來激發員工更大的工作積極性。

　　④提高福利待遇，改善工作環境。例如，員工餐廳、浴室的完

善，個人福利的發放及上下班交通問題的解決等。

（二）精神方面

除生存必不可少的物質需求外，還要滿足員工對尊重和自我實現的需要。因此，抓好員工的精神激勵，是激發團隊向心力的重要舉措。

①要多為員工創造發揮才能的機會。

②管理者要關心員工各方面的情況。例如，身體、家庭的狀況等。

③管理者要造成帶頭作用，做好員工的榜樣。

④透過榮譽稱號的方式給有突出貢獻的員工以獎勵，激勵其繼續發揚。

⑤晉升激勵。晉升對於全體員工都是公平的，從而使晉升稱為人人追求的目標。

（三）激勵的方法

1．目標激勵法

動機決定行為，行為指向目標，目標對動機和行為具有反作用、牽引作用和激勵作用。「目標管理法」是一種比較有效的激勵方法，系統地採用「目標管理法」能夠更好地發揮目標對動機和行為的激勵作用。

①目標制訂要科學化。工作目標定量化、標準化，即在工作量上採用定額法，在工作品質上施行標準化，使目標具有可檢驗性。

②個人工作目標內在化，是一種員工個人承諾工作目標的方法，從而使工作目標具有挑戰性。

③工作目標外在化，即餐飲企業對員工需要做出承諾並為其提供足夠的、員工認為與付出較為適當的報酬和及時、公正的績效反饋方法，使餐飲企業的工作目標具有可接受性。

④工作目標適度化。工作目標應是員工透過努力能夠達到的，應使工作目標既有挑戰性，又有可行性。

⑤工作目標系統化。工作目標應包括餐飲企業的總目標、部門目標和個人目標，既要有數量上的目標，又要有品質上的目標，形成一個有效的目標系統。

2．獎懲激勵法

獎勵和懲罰是員工激勵的基本形式。其中，獎勵作為員工激勵的一種手段，目的在於使受獎勵的員工將他們的奉獻精神和競業精神加以保持和發揚，並成為其他員工的表率，對振奮員工隊伍的士氣造成積極的推動作用；懲罰是一種負激勵，是為了糾正員工工作中的不良或消極行為而採取的一種強制措施。應用得當，懲罰能對不良現象造成很好的威懾作用；但不能以懲罰為主，只能將其作為一種輔助手段，否則就會適得其反。

（1）獎懲激勵的基本思路

獎勵和懲罰是規範人們行為的有效槓桿，但運用不當也會產生副作用。要恰當地運用獎勵和懲罰，應當注意以下幾點：

①獎勵和懲罰不是目的。獎勵和懲罰是實現企業目標、調動員工積極性的手段。如果把其當做目標，就會變成為了獎勵而獎勵、為了懲罰而懲罰，成為一種「例行公事」。這樣，便達不到獎懲的應有效果。

②必須從餐飲企業目標出發進行獎懲。如果從個人目標或小團體目標出發進行獎勵和懲罰，就必然會背離企業目標，把獎勵變成培植親信、拉幫結派，甚至是少數人侵吞勞動成果的手段，而把懲罰當做是排除異己、打擊報復和壓制民主的手段。這樣的獎勵和懲罰，既不可能公正、公平，也不可能調動廣大員工的積極性。只有從餐飲企業的整體目標出發進行獎懲，才能把個人目標和集體目標有機地統一起來。

③應堅持以獎勵為主、懲罰為輔的原則。獎勵是一種正強化、正激勵，能夠直接滿足員工物質和精神的需要，是調動員工積極性的一種比較理想的手段。懲罰則是一種負激勵，是以剝奪人的部分需要，以減少和糾正不良行為的手段。這種手段是必要的，也是有效的，但其侷限性大，容易出現副作用，會導致被罰者產生挫折心理，甚至挫折行為，從而影響其積極性。因此，要堅持獎勵為主、懲罰為輔的原則，懲罰僅僅作為獎勵的補充，才會收到較好的效果。

④科學、完善的規章制度和績效考評是獎懲的主要依據。公正和公平的獎懲必須以制度為準繩、以事實為依據，建立在科學的考核基礎之上。只有使考評工作定量化、科學化、制度化、規範化，才可能準確地判斷每個人的功過，才能公正地解決獎勵誰、懲罰誰、如何獎懲等問題。

⑤注意獎懲適度。獎懲適度才能服眾，才能造成激勵效果。如果獎懲無度，小功大獎或大過輕罰，則助長員工僥倖心理；反之大功小獎或小過重罰，則缺乏應有的激勵力度。總之，無論何種形式的不當獎懲均會嚴重挫傷員工的積極性，有悖獎罰的初衷。

（2）獎勵技巧

①獎勵方法要不斷創新。獎勵不僅僅是獎錢，也包括表揚、給予榮譽稱號和有紀念意義的實物，以及休假、旅遊、外出培訓、晉

升、給予挑戰性工作、以員工的名字命名其發明的產品或工作方法等多種形式。其中表揚可包括口頭表揚和通報表揚、私下表揚和公開表揚等形式，各種形式還可以組合使用。根據實際情況和員工需要，採取靈活多樣的手段並不斷創新，要比重覆、單一的刺激所產生的激勵力量大得多。

②獎勵要適時。過於頻繁或不及時都會使收效甚微，甚至會引起怨言。

③對員工的獎勵可透過適當形式使其家屬分享榮譽。這有助於動員社會力量支持員工忘我工作、勇於獻身事業。

④適當拉開獎勵的等級。等級過少，易造成平均主義，失去激勵的作用。只有儘量使獎勵與貢獻相匹配，使員工感到公正，才會真正使先進者有動力、後進者有壓力。

⑤注意挫折心理的疏導。對可能出現挫折感、失落感的員工，應及時進行疏導。疏導的方法，包括目標轉移、樹立新目標，淡化過去、著眼未來等。

⑥注意公平心理的疏導。員工總是站在個人角度看待獎勵是否公平，即使宏觀上獎勵很公平，也會有人覺得不公平。因此，必須注意對員工公平心理的疏導，引導員工樹立正確的公平觀。

⑦重視團體激勵。在現代化餐飲業活動中，組織目標的實現、員工個人的尊嚴與成就，都需要經過群體的共同努力才能得以實現。因此，重視團體激勵，有利於在員工中形成統一的思想認識，增強凝聚力、提高競爭力。

（3）懲罰時應注意的問題

①不能不教而誅。應把教育培訓放在事前，只有對屢教不改或造成嚴重後果者才實施懲罰。

②儘量不傷害被罰者的自尊心。懲罰方式要有所選擇，防止惡語傷人，還應避免或減少公開批評。

③不要全盤否定。

④不要摻雜個人恩怨。

⑤打擊面不可過大。

⑥不能以罰代管。懲罰在一定條件具有負激勵作用，但也具有相應的副作用；管理者不能過於依賴懲罰去推動工作，更不能以懲罰代替管理。

⑦不能由主管主觀決定懲罰事項，應以制度為準繩、以事實為依據，透過規定的程序、民主討論和溝通，慎重決定懲罰事項，儘可能使被罰者心服口服。

⑧原則性和靈活性相結合。堅持原則，就是要嚴格按規章制度辦事，但在不違反制度的前提下，懲罰也要講究靈活性。如，根據個人表現適當減輕懲罰，根據個人經濟狀況給予分期扣款等。要做到嚴得合理、嚴得合情，達到「懲罰一個、教育一批」的目的。

3．競爭壓力激勵法

（1）引入競爭機制，形成競爭氛圍

競爭，是激發員工的有效方法之一。引入競爭機制，展開員工、部門之間的競賽爭先活動，會使員工感受到外部壓力和危機感，也會使部門內部變得更加團結。透過競爭，還可以從競爭對手那裡學到成功的經驗或失敗的教訓，然後，變壓力為動力，向更高的目標發起「衝刺」。

（2）運用競爭壓力法的注意事項

①競爭要公平。實踐證明，理論上的自由競爭是一種簡化和理想的產物，而現實中的競爭則受人為和客觀等多方面因素的影響，

使競爭存在不公平性。所以，餐飲業在利用競爭壓力激勵員工時，要儘量使競爭在相對公正、公平、公開的規則及規範下運行；否則競爭只是一種形式，甚至還會產生很大的副作用。

②設置與工作相關的競爭壓力。為提高工作效率和工作品質而組織的競賽項目，應充分注意競爭壓力與工作的關聯度，儘量採取措施減少與績效無關的壓力。

③把握好競爭壓力的強度。低於中等水平的壓力感，有助於提高員工績效。如果壓力感的水平過高、過低，或壓力負荷的時間過長，都會使績效降低，應當科學把握競爭壓力的強度，設置合適的競爭壓力，減輕不必要的社會壓力。

④壓力的結果要滿足員工的需要。如果壓力的結果不能引起員工的興趣，那就起不到激勵員工的作用。員工的需要才是員工的動力之所在。

⑤重視人與工作的匹配，即為具體的工作選擇合適的員工，提高其主動參與的程度。不同的員工對同一壓力的反應是不同的，工作經驗少的員工能承受的壓力一般較弱；工作經驗豐富的員工，能夠較好地適應壓力較強的工作。

⑥重視制度的作用。公平、合理的考核辦法及薪酬、獎優罰劣的制度、有效靈活的競賽形式都能製造競爭壓力，為員工提供表現機會。

4．參與管理激勵法

參與管理激勵法，是指管理者透過一定的制度和形式，讓員工參與組織決策、計劃制訂、對某些事務的處理及對某些問題的討論和管理，是一種重要的激勵方式。在餐飲管理中，強調員工當家做主的精神，提高員工主人翁地位，具有特別重要的意義。透過讓員工在不同層次和不同深度上參與決策，吸收員工的正確意見，全心

全意地依靠員工辦好企業，培養員工的歸屬感、認同感、責任感、信任感、受尊重感和成就感，可以推進餐飲企業民主管理和現代化管理的進程。

員工參與管理，常見的形式有餐飲企業工作生活品質小組、餐飲企業員工參與工作設計、餐飲企業工作團隊、利益分享計劃、員工合理化建議制度、職工代表大會等。

員工參與企業管理，並不意味著主管人員可以放棄自己的職責。主管人員應在民主管理的基礎上，按照民主集中制的原則，更好地履行自己的職責。

【相關連結】加利福尼亞州紐波特比奇市羅克韋爾公司的半導體分公司，專門徵求員工意見的早餐會一度成了空談會。直到員工意識到他們和上司在公司改進方面的討論不會給他們帶來任何麻煩，公司總裁會採納他們的建議以後，情況才有所改變。結果是，新的主意有如泉湧——員工們不僅在早餐會上提出建議，整個公司各個層面在工作中也能源源不斷地提出建議。

【相關連結】在一些企業，員工不願提出建議，因為他們害怕會因此而受到處罰。為了打消員工的這種顧慮，康涅狄格州史丹福市的施樂公司，鼓勵員工填寫「評論」卡，匿名表達自己的看法。公司的內部刊物會刊登對評論卡所提問題的解決方法。這顯示了管理層重視員工建議，「不會責怪提意見的人」。

5．企業文化激勵法

餐飲業的企業文化，是指由其獨特的企業精神、企業價值觀、企業制度、企業民主、團隊意識、企業形象、訊息傳播方式等所構成的文化體系。良好的企業文化是企業生存和發展的原動力，是區別於競爭對手的最根本的標示。

企業文化建設是「以人為本」管理的最高層次。透過企業文化

培育和管理文化模式的推進，員工能形成共同的價值觀和共同的行為規範。企業文化的核心，是強調重視人的認識、情感、需求、態度、潛能，創造人與人、人與組織之間的和諧。優秀的企業文化會產生一種尊重人、關心人、培養人的良好氛圍，產生一種精神振奮、朝氣蓬勃、開拓進取的良好風氣，激發組織成員的創造熱情，從而形成一種和諧環境和激勵機制。它具有精神激勵作用，能發揮其他激勵手段所起不到的作用。企業文化在實質上是一種內在激勵。它能綜合發揮目標激勵、主管行為激勵、競爭激勵、獎懲激勵等多種激勵手段作用，從而激發企業內部各部門和所有員工的積極性，使被動行為轉化為自覺行為，化外部壓力為內在動力。這種積極性同時也成為企業發展的無窮力量。

一些著名飯店企業成功的重要經驗，就是非常重視企業文化的建設。如，麗思卡爾頓旗下的上海波特曼麗嘉飯店，努力倡導和創造企業與員工相互信任的飯店文化，透過與員工彼此信任、頻繁溝通、培訓激勵等一系列人本化管理的體現，不僅極大地激發了員工的工作熱情，也使員工產生了強烈的自豪感和歸屬感。飯店也因此在2001和2003年，兩度榮獲「亞洲最佳僱主」第一名的殊榮。

【相關連結】在位於費城的「旅遊服務公司羅森布魯斯國際有限公司」，員工們都盼望公司的特殊節日早早到來。比如，「週五便裝日」、「三明治日」和8月的「感謝員工月」，公司都會鄭重地舉辦「鱷魚盛宴」。

【相關連結】「鼓氣週」就要結束時，密西根州切爾西市「圖書技巧公司」的員工們就會翹首以盼「冠軍的早餐」。管理者將親自服務於公司的員工早餐，以激勵他們。

【相關連結】拉斯維加斯「夢幻金銀島飯店」所採用的管理制度是「故意不服從」。這就意味著所有的上級主管，不僅要向自己的下級解釋該做什麼，還要解釋為什麼要這樣做。如果員工對他們

的解釋不滿意，可以拒絕執行這項任務。這家飯店的離職率是12%，比該行業的平均離職率要低近50%。

6．授權激勵法

為尋求服務品質的提高，餐飲企業應授予他們的一線員工以解決問題和向客人提供附加值服務的權利。授權涉及對傳統自上而下的、以控制為導向的管理模式的重組，將權利、訊息、知識和獎賞的控制權分散到整個企業。授權不是一套既定的技術，而是將職責和控制權由管理層向從事企業核心工作的員工轉移的一種觀念。授權涉及將一些主要是由經理控制的權力交給員工。授權不僅可以為餐飲企業而且可以為員工帶來許多益處。如，改進服務品質，增加客人滿意度及員工對企業的忠誠度，減少調離的意向等。

（1）授權的作用

創造一個支持授權的環境是管理者的職責，那麼，將怎樣對員工授權呢？大多數專家認為：授權並不是把權力真的交給另一個人，而是創造一種允許其他人做決策和承擔責任的工作環境。

透過授權，逐漸讓員工承擔更大的責任，逐漸從傳統的管理模式轉向授權管理。被授權的員工可以有更大的權力處置手頭的工作。當客人有問題時，他們有解決問題的權力。他們也有權發揮主動性，透過客人需求預期和提供超值服務來取悅客人。在許多企業中，授權被看做是主管激勵員工的最佳方式。如果有選擇的話，人們大都喜歡在被給予更多權力的環境中工作。員工為什麼喜歡被授權呢？這是因為：

①員工通常比管理者想像的要更聰明、更能幹。

②每一個員工都希望被看做是成年人。

③員工都希望在制訂可能產生影響的決策之前被徵求意見。

④幾乎每個員工都希望能做好工作，並以自己的工作為榮。

⑤員工都希望得到信任，希望在工作中擁有更大的權力和自由度。

（2）運用授權激勵法應注意的事項

為確保授權取得最大的效果，運用授權激勵法時管理者應注意以下事項：

①讓員工參與各級目標的制訂。員工必須參與自己的、所在部門的和整個企業目標的制訂。

②明確界定職責。被授權的員工必須瞭解自己在企業中的新角色和同事的角色，最重要的是管理層將要扮演的角色。

③做教練和推動者。管理者下放一些控制權，承擔起其在企業中的新角色。管理者必須學會指導其他人，幫助部門和員工取得成功。

④確保員工感受到高層管理者的支持。被授權的員工必須能夠感受到他們不僅得到了上級主管的支持，而且得到了高層管理者的支持。

⑤創造一個參與的氛圍。進行企業環境評估和可能的調整對於授權至關重要。沒有鼓勵各級人員參與的環境，授權就不會成功。

【相關連結】在邁阿密的大廚艾倫飯店，員工每個月有一次可以偕朋友或配偶到另一家飯店吃飯的機會，公司老闆會為此最多給員工核銷50美元。不過公司有個條件，即該員工在用餐後必須交一份一頁紙的報告，描述這次經歷的各種細節，包括飯店的服務、氛圍、食物的好壞，並且在所有員工面前做出口頭匯報。透過這種方式，員工學到了其他飯店是如何為客人服務的。

【相關連結】田納西州阿爾科阿市「巴黎人百貨公司」鼓勵所

有銷售員設法獨立解決客戶的投訴問題。商店經理才是唯一有權拒絕客戶要求的人。這鼓勵了員工獨立思考，而不是將問題推給管理層。員工們也學會了按照公司的首要規則行事——永遠要讓客戶滿意地離開。

（四）物質激勵和精神激勵孰重孰輕

物質激勵和精神激勵孰重孰輕這個問題，讓我們不禁想到「YES理論」就是說，當有人問起兩個問題哪個重要時，我們的回答是「都重要」。很多餐飲企業在激勵時，不分層次、不分對象都給予物質激勵，故而，形式過於單一的激勵，效應逐年遞減。接踵而來的，便是管理者責怪員工要求太高；員工們則抱怨激勵太單調。結果企業費時、費財進行了激勵，員工們卻是不滿意。顯然，重物質、輕精神不行；重精神、輕物質也不行。

五、激勵個人

（一）區別對待

如果你希望每個人都發揮出他們最大的工作熱情，那就要將他們當成獨立個體來看待，而不是把他們看成男人或是女人、經理或是員工。更重要的，是要找時機和每個人交談，傾聽他們的心聲。人們很容易只關心對團隊的激勵而忽視對個人的激勵，尤其是面臨緊急任務的時候。你可以透過個別輔導和諮詢的方式幫助員工，這樣他們就可以在專業上，甚至是管理能力上得到較快的發展。

（二）給予認同

現實生活中，大多數的人都不會成為名人，也就不會得到公眾的認可，只能得到那些瞭解其個人和專業的人的認同。但作為一個主管者或是團隊成員，學會對屬下或他人的認同卻是非常必要和可貴的。一般情況下，認同往往侷限於正式場合中對某個做出特別貢獻的人的價值的肯定或是非正式場合中對於感謝的表達。而面對員工在工作上或超出工作範疇的成就，卻往往比較吝嗇自己的認同和讚揚。這是一種傳統的劣根性的表現，是影響團隊合作精神和氛圍形成的重要心理因素。因此，有必要大倡導給予認同，倡導善於發現他人之長，並不失時機地表示讚賞，努力尋找員工在不同層次上取得的成就，哪怕只是微小的進步。

六、組建高效團隊

20世紀80年代管理界的流行術語是「企業文化」；20世紀90年代最流行的管理概念則是團隊（Team Working）。越來越多的餐飲企業透過團隊來進行管理和激勵員工。從根本上說，團隊不同於一般的群體（部門或小組）。它是以任務為導向，由許多具有不同知識和技能但卻互補的人組成的。團隊的部分潛力在於團隊所具有的多樣性及在團隊工作中挖掘出來的潛藏的人力資源。工作團隊能夠培養人們的靈活性、參與感和高效率。引入團隊工作的方法可以極大地改善企業的管理方式，有效地調動員工的工作積極性，達到激勵員工的目的。

建立團隊，就是在企業內部創造一種有效、適宜的環境，使員工可以儘可能地努力工作，發揮自己的潛能。在團隊管理中，管理者更多地進行委託和放權，使員工在從事自己的工作時，可以有足

夠的權力在其工作範圍內做出適時的、必要的抉擇，以確保能夠高效地完成團隊的工作任務。

　　透過企業的引導和員工的自覺行為，團隊成為員工參與管理的最佳組織形式。它把創造力和凝聚力結合起來，避免了過度競爭或一團和氣帶來的不利因素。

　　【團隊遊戲1】

　　1．遊戲規則（道具：記事本；時間：30分鐘）

　　①向大家暗示，我們每個人都希望贏得別人的尊重（將團隊分成若干個組，每組2人）。

　　②讓每個組寫出4～5個他們所注意到的對方身上的特點（特徵、個性、才能）。

　　③所列特點必須是積極的、正面的。

　　④寫完之後，每兩個人展開討論，每個人都要告訴對方自己所觀察到的東西。

　　⑤建議每個人都把積極的反饋訊息記錄下來，並在自己感到沮喪的時候讀一讀。

　　2．相關思考

　　①你覺得進行這個遊戲愉快嗎？如果不愉快，為什麼？

　　②為什麼對大多數人來說，讚揚別人是一件困難的事情？

　　③怎麼能讓我們更加輕鬆地接受對別人積極肯定的評價訊息？

　　④為什麼有些人很快就對別人做出負面評價，而幾乎從來不提及別人的優點？

【團隊遊戲2】

1．遊戲規則

①9人一組，發給每組1張白紙、1根竹竿、1盒蠟筆。

②用30分鐘的時間建立小組的隊旗、隊名、口號、標誌和隊歌。

2．相關思考

①以建立團隊的第一步應採取何種形式，為什麼？

②創作是從哪裡受到的啟發，主題是什麼？

③創作過程中，每個人的貢獻是怎樣的？誰的貢獻最大？

④出現意見不一致時，是怎樣解決的？

⑤透過該遊戲，大家受到了哪些啟發？

【熱點討論】

某飯店老總在年終總結會上宣布：「我們飯店今年本來沒有能力發紅包，因為我們還處在虧損的狀態下。但是，為了使大家能夠過一個快樂祥和的新年，我們還是決定了要給大家發紅包。在此，我要特別感謝行政部的張小紅。他們在網站建設中為公司節省了7000多元。所以，我們在紅包裡也有所表示。」

請問：你在這位老總身上學到了什麼？

在講績效管理之前，我們先來瞭解一下什麼是績效？績效的含義是非常廣泛的，不同時期、不同發展階段、不同對象，績效具有不同的含義。一般認為，績效是指那些經過評價的工作行為、方式及其結果，也就是說，績效包括了工作行為、方式及其結果三項內容。績效也可以理解為員工自身各項素質在具體條件下的綜合反映，是員工素質與工作對象、工作條件等相關因素相互作用的結果。

績效可以分為員工績效和組織績效，績效的根基在於員工。績效管理的重點也是在員工績效的管理上。員工績效，是指員工在某一時期內的工作結果、工作行為和工作態度的總和。組織績效，是指某一時期內組織任務完成的數量、品質、效率及贏利情況。

第六講 績效管理——餐飲企業
管理的好幫手

一、什麼是績效管理

　　績效管理（Performance Management），是指透過對企業戰略的建立、目標的分解和業績的評價，並將績效成績用於企業日常管理活動中，以激勵員工業績的持續改進，並最終實現組織戰略及目標任務的一種正式管理活動。績效管理是對用以幫助管理者管理其員工的工作程序的描述，以企業標準為基礎，就管理者的期望、要求及員工的貢獻進行公開的坦誠的溝通和交流。

　　績效管理是一個整體持續性的過程。它包含了管理循環的思想，把目標設計、業績實現和績效評估作為一個循環系統來看待。它的目的在於提高員工的能力和素質，提高員工的績效水平，使員工的績效與企業的發展戰略和目標任務一致，實現員工和企業的同步發展。績效管理是一個完整的系統。績效管理的過程通常被看做一個循環。這個循環的週期分為四個階段，即績效計劃、績效輔導、績效評估和績效反饋。績效管理注重系統性和目標性，強調溝通、重視過程。

　　績效計劃，是績效管理流程中的第一個環節在新的績效區間發生的開始，一般以財務年度的開始為起點。制訂績效計劃的主要依據，是工作目標和工作職責。在績效計劃階段，管理者和員工需要在對員工績效的期望問題上達成共識。在共識的基礎上，員工對自己的工作目標做出承諾。管理者和員工共同投入和參與是進行績效管理的基礎。績效計劃作為績效管理系統的正式起點，是績效管理

系統中最為重要的環節。餐飲企業員工績效計劃包含兩個方面的內容：做什麼和怎麼做，即績效目標和績效實施過程。這個階段的主要任務，是依據企業戰略目標，圍繞本部門的業務重點、策略目標和關鍵績效目標制訂部門的工作目標計劃，然後再將部門目標層層分解到具體員工，結合員工職位職責制訂出員工的績效目標。

績效輔導貫穿於績效管理的全過程。制訂了績效計劃之後，員工就開始按照計劃展開工作。在工作過程中，管理者要對員工的工作進行指導和輔導，對發現的問題及時予以解決，並對績效計劃進行調整。在整個績效管理期間內，都需要管理者不斷地對員工進行指導與反饋。

績效評估的依據，是指在績效期開始時，雙方達成一致的關鍵績效指標。同時，在績效輔導過程中，所收集到的能夠說明被評估者績效表現的數據和事實，可以作為判斷員工是否達到關鍵績效評估指標要求的事實依據。對於大多數組織而言，績效管理的首要任務是績效評估。在績效期結束的時候，依據預先制訂好的計劃，主管人員對員工的績效目標完成情況進行評估。績效評估不應當被視為一次對員工績效的簡單評估工作，實際上績效評估是一個持續的管理過程。有效的績效評估，是一個雙向的溝通管理過程。企業展開績效評估的戰略目標之一，就是借此使企業內部的管理溝通制度化和程序化。溝通反饋自始至終貫穿於整個績效考評管理的全過程，績效評估管理要成為一種日常性的措施。它不應僅僅存在於績效目標的設立階段，而應存在於整個績效實現的過程中。

一般餐飲企業的績效評估分為月度績效評估、季度績效評估、年中績效評估和年終績效評估。

·月度績效評估，只進行自評和直接主管上級評估，主要評估關鍵工作職責的執行和關鍵績效目標的完成情況。

·季度績效評估及年中績效評估，可進行360度評估，即自評、

同事評、員工評、客人評，直接主管上級評等。每季度第一個月的中旬或每年6月中旬由人事行政部門將評估表發至相關評估者。

·年終績效評估，按全年12個月或4個季度的績效評估結果進行年度績效評估總評。績效評估時間為次年元月中旬，細則與月、季度績效評估一致。

績效反饋，是一個績效管理週期的結束，也是新的績效管理週期的前奏。完成績效評估後，主管人員還需要與員工進行面對面的交談。透過績效反饋面談，使員工瞭解主管對自己的期望，瞭解自己的績效，認識自己有待改進的方面；並且，員工也可以提出自己在完成績效目標中遇到的困難，請求上司的指導或幫助。在員工與主管雙方對績效評估結果和改進點達成共識後，主管和員工就需要確定下一個績效管理週期的績效目標和改進點，從而開始新一輪的績效管理週期。

二、關鍵職位職責書——績效管理的基礎工具

關鍵職位職責書（Key Job Description），是績效管理的基礎，如果把績效管理比做一座大樓的話，那關鍵職位職責書就是這座大樓的基石，承載著大樓的壓力，支撐著大樓挺立不倒。

員工的關鍵職位職責，是該職位最基本、最核心的部分，是餐飲企業僱用員工的理由。關鍵職位職責書並非很多，但卻代表了對該職位最重要的期望值。

關鍵職位職責書與績效管理的聯繫主要存在以下幾個方面：

①關鍵職位職責書作為經理和員工之間的契約，約束員工的行為、規範經理的管理尺度，最大限度地調動員工的積極性，消除推

諉、扯皮之類的不良現象。

②關鍵職位職責書幫助經理在績效管理中明確員工的職位內容，確保其與責、權、利相匹配。

③關鍵職位職責書為經理和員工共同制訂績效目標提供訊息來源，幫助確定關鍵績效領域和關鍵績效目標。

④關鍵職位職責書作為主要依據之一，幫助經理在績效管理過程中對員工的業績進行輔導，使員工不斷獲取實現績效目標的便利，提升業績水平。

⑤關鍵職位職責書作為重要資料，為經理評價員工提供訊息，以幫助經理做出更加公正的判斷。

三、關鍵績效目標——績效管理的重要指標

關鍵績效目標（Key Performance Objectives），是一項達成共識的、員工在特定時間需要完成的工作。設定關鍵績效目標，首先，要界定餐飲企業的長期發展戰略目標；然後，據此確定餐飲企業的短期經營目標、部門目標和個人目標，透過反饋，確保職位目標、部門目標與企業戰略目標之間的一致性，並以此引導員工在工作中最大限度地向企業所期望的行為和結果去努力。

對於餐飲企業來講，具體的績效目標如下：

（一）財務目標

財務目標，是任何餐飲企業在任何時候都追求的目標。財務目

標引導企業經營管理者關注餐飲經營活動的經營結果。財務目標一般從四個方面予以評估：

①利潤指標（經營毛利、純利）。

②收入指標（收入額、收入增長率、客人總數、人均消費等）。

③經營費用指標（人員薪資、能源消耗、低值易耗品消耗、餐具破損、丟失率等）。

④經營成本指標（食品成本、酒水成本及其他成本）。

其中，利潤指標是企業最終關注的經營結果；收入指標引導餐飲企業關注市場增長和市場機會；經營費用和經營成本指標關注餐飲企業經營及成本利用率情況。

（二）客戶指標

①顧客滿意度（包括賓客意見集）。

②服務品質與產品品質。

③重要客戶關係的建立與維護。

④客戶檔案管理。

其中，顧客滿意度指標關注顧客需求和品質反饋，引導餐飲企業各層管理人員及員工以顧客為關注焦點；服務品質與產品品質指標，是企業生存和發展的根本，引導企業各層管理人員及員工時刻把品質問題擺在首位；重要客戶拜訪率指標，關注與顧客的溝通，引導企業關鍵業務部門關注與老客戶的聯繫；客戶檔案管理指標；則引導企業關注客戶訊息，提升顧客的尊貴體驗。

（三）員工管理指標

①員工滿意度。

②員工流失率。

③員工培訓指標。

④員工職業發展設計及發展結果。

（四）設定關鍵績效目標的意義

①集中精力於優先性高的工作。

②幫助激勵員工。

③幫助員工督促其自身績效。

④幫助經理監控員工的表現。

⑤提升成功的可能性。

⑥主要目標必須針對每一名員工。

（五）關鍵績效目標（KPO）設定的原則

①應該是一個可衡量的、有意義的重要目標關鍵績效目標。

②員工與經理對關鍵績效目標的理解必須保持一致。

③關鍵績效目標的溝通必須貫穿全年。

④個人關鍵績效目標的設定，必須在部門的目標及戰略設定之後。

⑤關鍵績效目標必須具體，必須能夠實現。

⑥用關鍵績效目標來指導行為。

⑦關鍵績效目標的數量應有限定，但必須覆蓋80%的員工工作。

⑧關鍵績效目標是可以改變的。

四、績效評估三步曲

（一）績效評估第一步——準備階段

準備階段，首先要確定績效評估的具體日期、具體時間和地點，要確保評估者和被評估者有充分的時間準備，要選擇安靜不容易被打擾的地點。準備階段具體步驟如下：

1・評估準備

評估者須確定合適的評估時間，並通知員工，向員工闡明績效評估的目的、要求讓員工思考他們的表現，發給每人一份空白的績效回顧表，要求員工做好自我評估，並解釋自我評估的目的。

2・查看員工表現記錄

評估者回顧員工上年所取得的業績，找出需要關注的方面，回顧該員工上年的績效。

3・熟悉員工的關鍵工作職責、關鍵績效目標

評估者要考慮以下幾點：員工職位職責有沒有發生變化？員工的表現和職位職責有沒有差異？員工的表現和關鍵績效目標有多大差異？

4・做好筆記

評估者須利用一切可能的資源做好筆記，並事先完成績效回顧的表格初稿，完成時要考慮員工的具體事例。

（二）績效評估第二步——面談

面談是企業、部門和員工通往成功的階梯。

1．使員工放鬆

評估者不要讓員工久等，要熱情歡迎員工，並遞上咖啡或茶，同時移開障礙，如，桌子、摺疊椅等。評估者要向員工強調評估的目的是幫助其發展，並對其有益，陳述期望達到的目標，同時告知員工你將做些筆記以完成表格並解釋評估的過程。

2．回顧員工的業績

評估者須邀請員工做自我評估，從對員工優點的反饋開始，反饋的內容須集中在員工的表現上而不是個性上，應掌握一些具體的事實和數據，如果有問題需要讓員工意識到，評估者應允許員工自由發表意見。

3．結束回顧

評估者對此次績效評估進行總結，特別是對重點進行回顧，告知員工回顧表格後，須寫上他們的意見並簽名。請員工考慮下一年度的目標和績效計劃制訂的具體日期。

評估者要檢查評估過程中是否有不快的跡象，對員工取得一致意見的行動進行表揚，詢問員工是否有其他問題或遺漏，感謝員工對企業和部門所做出的貢獻，提醒員工6個月之後將會進行回顧，除此之外，還會有其他非正式形式的反饋。

（三）績效評估第三步——績效跟進

1·短期跟進

評估者和員工完成評估表，將評估表交給員工，允許員工給予評價並讓員工簽名，將員工簽過字的評估表遞交給經理簽名。將簽好的評估表格覆印若干份並分發至員工、人力資源部和部門留存。同時，安排制訂員工績效計劃。

2·長期跟進

評估者及員工的主管上級要密切觀察員工的實際工作表現，記錄員工的表現和行為事例，若有必要，可適時進行輔導並安排非正式績效討論，要和員工一起圍繞關鍵績效目標回顧，評估員工發展計劃的進展情況。

五、績效溝通——績效管理的致勝法寶

【相關連結】春秋戰國時期，耕柱是一代宗師墨子的得意門生，不過，他老是挨墨子的責罵。有一次，墨子又責備了耕柱。耕柱覺得自己真是非常委屈，因為在諸多門生中，大家都公認耕柱是最優秀的人，但又偏偏常遭到墨子的指責，讓他面子上過不去。一天，耕柱憤憤不平地問墨子：「老師，難道在這麼多學生當中，我竟是如此的差勁，以至要時常遭您老人家的責罵嗎？」墨子聽後，毫不動肝火：「假設我現在要上太行山，依你看，我應該要用良馬來拉車，還是用老牛來拖車？」耕柱回答說：「再笨的人也知道要用良馬來拉車。」墨子又問：「那麼，為什麼不用老牛呢？」耕柱回答說：「理由非常簡單，因為良馬足以擔負重任，值得驅遣。」墨子說：「你答得一點沒錯。我之所以時常責罵你，也只因為你能夠擔負重任，值得我一再地教導匡正你。」

（一）績效管理的啟示

1．員工應該主動與管理者進行溝通

有很多餐飲企業的管理者在員工完成績效計劃後，沒有親自參與到具體工作中去，因此，更沒有切實考慮到員工所會遇到的具體問題，總認為不會出現什麼差錯，進而導致缺少與員工溝通的主動性。試想，連結中的墨子因為要教很多的學生，一則因為繁忙沒有心思找耕柱溝通，二則沒有感受到耕柱心中的憤恨，如果耕柱沒有主動找墨子，那麼結果又會怎樣呢？

2．溝通是雙向的

溝通是雙方的事情，如果任何一方積極主動，而另一方消極應對，那麼溝通也是不成功的。績效管理之所以區別於一般意義上的簡單評估，關鍵一環就在於它引入了雙向溝通機制，注重績效評估結果的及時反饋，使員工由原來完全被動的角色變成了一個主動參與的角色，引起了員工心靈上的共鳴。但是在很多管理者看來，員工只需要知道自己的得分和名次就可以了，具體的算分過程是不能對他們泄露的，甚至某些關鍵性的評估條目也是不對外公開的。也就是說，員工無法確切地知曉自己是如何在「三六九等」中動態轉換的，也無法切身體會績效評估的價值究竟在哪裡。長此以往，員工就會逐漸喪失參與績效評估的熱情與信心。在反饋機制不健全的情況下，對於被評為優秀的員工來說，由於他們並不知道自己的哪些長處獲得了上司的青睞，所以，很難再接再厲，更上一層樓，相反，還可能會弄巧成拙，朝錯誤的方向發展下去。對於被鑑定為不合格的員工而言，他們弄不明白自己的不足在哪裡，所以，也很難修正自己的錯誤，獲得技能的提升，最後要嘛在憤憤不平中離開企業，要麼整日胡亂猜疑，無法正常展開工作。就像連結中的墨子和耕柱，如果雙方不進行溝通，後果很可能是耕柱越來越恨墨子，其

自己也會止步不前，甚至走向錯誤的方向。

3．溝通應該及時

績效管理具有前瞻性，是指要在問題出現之時或之前就透過溝通將其消滅於無形或及時解決掉。所以，及時性是溝通的又一項重要原則。如果耕柱沒有及時主動地找墨子溝通，又或者墨子推諉很忙，沒有時間溝通，結果會怎樣呢？隨著時間的累積，雙方誤會將越來越深加深，耕柱就會對墨子恨上加恨，雙方不歡而散，最終分道揚鑣。

（二）績效溝通的方法

作為績效管理中的一項重要法寶，績效溝通的方法可分為正式與非正式兩類：

1．正式溝通方法

正式溝通方法，是指事先計劃和安排好的溝通形式。如，定期的書面報告、面談、有經理參加定期小組或團隊會議等。

（1）定期的書面報告

在員工進行自評的基礎上，透過文字的形式向主管上級進行績效總結。

（2）一對一正式面談

正式面談對於及早發現問題，找到和推行解決問題的方法是非常有效的。它可以使管理者和員工進行比較深入的探討，可以討論不易公開的觀點，使員工有一種被尊重的感覺，有利於建立管理者和員工之間的融洽關係。但面談的重點，應放在具體的績效標準和績效計劃上，鼓勵員工多談自己的想法，以一種開放、坦誠的方式

進行談話和交流。

（3）定期的會議溝通

會議溝通可以滿足團隊交流的需要，進行有效的績效管理；定期參加會議的人員相互之間能掌握企業、部門的工作進展情況。透過會議溝通，員工往往能從管理者口中獲取企業、部門的戰略或價值導向訊息，從而進一步調整、完善個人的績效計劃。

2．非正式溝通方法

非正式溝通方法，是指未經事先計劃和安排的溝通方式。其溝通途徑是透過部門內的各種社會關係；採取的方式，如非正式的會議、閒聊、走動式交談、進餐時交談等。非正式溝通的益處是形式靈活多樣，不需要刻意準備；溝通及時，問題發生後，馬上就可以進行簡短的交談，從而使問題很快得到解決；容易拉近主管與員工之間的距離。

（三）績效溝通的技巧

1．多問少講

與員工進行績效溝通須遵循80／20法則，即80％的時間留給員工，20％的時間留給自己。因為，員工往往比經理更清楚本職工作中存在的問題。換言之，要多提問題，引導員工自己思考和解決問題，自己評價工作進展，而不是發號施令，居高臨下地告訴員工應該如何如何。

2．溝通的重心放在「我們」

在績效溝通中，多使用「我們」，少用「你」。如，「我們如何解決這個問題？」「我們的這個任務進展到什麼程度了？」或者說，「我如何才能幫助你？」另外，管理者應針對員工的具體行為

或事實進行反饋，避免空泛陳述、指責或諷刺。如：「你的工作態度很不好」或是「你的『出色』表現給大家留下了深刻印象」。模棱兩可的反饋不僅起不到激勵或抑制的效果，反而容易使員工產生沮喪和不確定感。

3．對事不對人，儘量描述事實而不是妄加評價

當員工做出某種錯誤或不恰當的事情時，應避免用評價性語言，如「沒能力」、「真差勁」等，而應當客觀陳述發生的事實及自己對該事實的感受。

4．側重思想、經驗的分享，而不是指手畫腳的訓導

當員工績效不佳時，應避免說「你應該......而不應該......」這樣會讓員工體驗到某種不平等，可以換成：「我曾經也遇到過類似的情況，當時是這樣做的......」

5．把握良機，適時反饋

當員工犯錯誤後，最好等其冷靜下來時再做反饋，避免「趁火打劫」或「潑冷水」；相反如果員工做了一件好事則要及時進行表揚和激勵。

6．反饋內容與書面考評意見保持一致

面對反的反饋，談話往往容易避重就輕，而書面的考評意見又往往容易上綱上線。這兩種傾向，都會帶來不良後果。對員工在工作中表現出來的問題，不能迴避，要抓住問題的要害，談清楚產生問題的原因，指出改進的方法。

7．允許員工提出申訴意見

不能強迫員工接受其所不願接受的評估結論。

六、績效管理中的幾大失誤

（一）將績效管理與制度管理混為一談

　　餐飲企業推行績效管理存在一種比較普遍的現象，就是把品質、安全、服務標準執行、產品標準、紀律和考勤等本應該屬於制度管理層面的內容，也納入績效管理體系的範疇，導致「績效指標」過高、過多，嚴重違背了績效管理本應關注的實現自身戰略與關鍵績效經營業績的評估與管理重點。評估的重點要突出，而不是現行一些餐飲企業的做法，設計多套評估體系、多個部門、多個角度、多個指標的全方位參與評估。評估範圍大而全，面面俱到，最後使得績效評估失去重點或重點權重不能凸顯；同時，也使得績效評估體系過於複雜，不具有實操性實施效果不佳。

（二）重績效評估，輕績效管理

　　說起「績效」這個詞，大家首先想到跟進詞會是「評估」，而不是「管理」。這其實也反映了企業在績效管理中重評估、輕管理的思想。績效管理或績效評估，都是以結果為導向，但評估僅僅是一種手段，而不能代替管理。很多餐飲企業把績效評估當成靈丹妙藥，以為只要有了評估，什麼都上去了，因此，凡事都與評估掛鉤。比如，在設計評估指標時，非常多的企業追求「大而全」。其實，有些指標是屬於日常管理內容的，完全可以透過制度、流程來規範，根本不需要評估。績效管理是一個循環的管理過程，包括績效計劃、績效輔導、績效評估和績效反饋四個階段。然而，很多餐飲企業更多的是關注績效評估，而忽略績效管理的其他環節，尤其是績效反饋。績效評估僅是績效管理流程的一個環節，儘管是績效

管理的核心，但評估並不是目的。績效評估並不是為評估而評估，而是為了促進被評估責任主體改進績效。這就需要評估者與被評估者就績效存在的問題交流溝通，制訂提高和改進績效的辦法；同時，評估主體要督促被評估者按期、保質地完成績效的持續改進計劃，雙方在評估、溝通的動態過程中實現績效管理的本質。

（三）重員工績效管理，輕部門績效管理

餐飲企業在進行績效管理時，往往重視員工的績效管理，而忽視部門的績效管理，甚至部分餐飲企業管理人員認為績效管理就是針對員工的管理，嚴重忽視或者扭曲了績效管理的意義和主旨。績效管理的主旨，是達成企業的戰略和經營目標。其手段是透過員工個人目標的實現以帶動餐飲企業整體目標的達成。然而，在現實中，管理者們往往是本末倒置。他們多關注於員工個人績效的管理，忽視、甚至輕視餐飲企業整體績效的管理。其實，餐飲企業整體績效的管理才是管理者應該關注的重點。而在績效管理中，除員工績效管理外，還應該包括部門的績效管理。在餐飲企業績效管理循環流程中，應該首先確定企業年度戰略目標，然後分解到各部門，再由部門分解到關鍵職位。因此，餐飲企業須首先關注於部門績效的管理，把績效管理提高到企業戰略經營的高度來思考。

七、績效管理的幾個實用工具

（一）SWOT分析法

優勢（Strengths）；劣勢（Weaknesses）；機會（Opportunities）；威脅（Threats）。

意義：幫助部門和員工進行自己的強（弱）項分析和市場環境分析，從而進一步提高和完善自己，更好地進行績效管理。

（二）PDCA循環規則

意義：每一項工作，每一個績效過程都是一個PDCA循環，都需要計劃、實施、檢查結果，並進一步進行改進，同時進入下一個循環。績效管理也是如此，只有在日積月累的漸進改善中，才可能會有品質的飛躍，才可能完善每一項工作，提高部門的業績和餐飲企業的收入。

（三）5W.2H.法

意義：做任何工作都應該從5W.2H.法來思考，這有助於我們思路的條理化，杜絕盲目性。在績效管理的循環控制過程中，5W.2H.法可以幫助我們更加有效率和更加節約成本，完成績效目標。

（四）SMART原則

意義：人們在制訂績效關鍵工作目標或任務目標時，考慮一下目標與計劃是不是SMART化的。只有具備SMART化的績效計劃，才是具有良好可實施性的，也才能指導保證績效計劃得以實現。

（五）時間管理法——重要與緊急

優先順序＝重要性 × 緊急性

意義：在進行工作時間安排時，應權衡各種事情的優先順序，要學會「彈鋼琴」。對工作要有前瞻能力，防患於未然，如果總是在忙於救火，那將使我們的工作永遠處於被動之中。這一點對於完成我們的績效計劃尤其重要。

（六）任務分解法（WBS——Work Breakdown Structure）

目標 → 任務 → 工作 → 活動

WBS任務的分解原則：將主體目標逐步分解細化，最底層的任務活動可直接分派到個人去完成。原則上每項任務要分解到不能再細分為止。

WBS的分解方法：自上而下和自下而上地進行充分溝通、一對一地個別交流並展開小組討論。

WBS的分解標準：分解後的活動結構清晰，邏輯上形成一個大的活動，集成了所有的關鍵因素，包含臨時的里程碑和監控點，所有活動全部定義清楚。

意義：只有學會分解任務，將任務分解得足夠細，才能做到心中有數、才能有條不紊地展開工作，也才能統籌安排自己的時間表，從而輕鬆完成績效計劃和目標任務。

【熱點討論】

小熊貝貝和小熊揚揚都喜歡吃蜂蜜。他們各有一個蜂箱，養著同樣多的蜜蜂。有一天，他們決定比賽看誰的蜜蜂產的蜂蜜多。

小熊貝貝想，蜂蜜的產量取決於蜜蜂每天對花的「訪問率」，認為蜜蜂接觸花的頻率就是其工作量。於是他買來一套專門測量蜜蜂訪問率的績效管理系統，每過一個月，公布一次每隻蜜蜂所完成的工作量，同時，還設立了獎勵機制，獎勵訪問率最高的蜜蜂。但他並不告知蜜蜂們是在與小熊揚揚比賽，只是讓自己的蜜蜂比賽訪問率。

小熊揚揚與貝貝的想法不一樣。他認為蜜蜂能產多少蜂蜜，關鍵在於牠們每天採回多少花蜜，所採花蜜越多，釀的蜂蜜也就越多。於是它直截了當地告知蜜蜂們：他在和小熊貝貝比賽看誰的蜜蜂產的蜂蜜多。他也買了一套績效管理系統，專門用於測量每隻蜜蜂每天採回花蜜的數量和整個蜂箱每天釀出蜂蜜的數量，並每天把測量結果張榜公布，每月進行統計。他也設立了一套獎勵制度，重獎當月採花蜜最多的蜜蜂。如果這個月的蜂蜜總產量高於上個月，那麼所有蜜蜂都會受到不同程度的獎勵。

結果一年過去了，兩隻小熊查看比賽結果，小熊貝貝的蜂蜜不及小熊揚揚的一半。

試論小熊貝貝和小熊揚揚的績效管理哪一個更科學？為什麼？

長期以來，我們對「薪資」這一概念較為熟悉，用得也最為廣泛，而「薪酬」概念則是舶來品。這一概念從國外引入後，最初多在外資企業中採用，但影響逐漸擴大，且有後來居上之勢。薪酬管

理是現代人力資源管理的重要部分，對於激勵員工，提高餐飲企業的競爭力有著不容忽視的作用。在員工心目中，「薪酬」絕對不僅僅是口袋中一定數目的鈔票。它還代表了身份、價值、地位及在企業中的工作績效，甚至代表著個人的能力、品行及個人的發展前景等。

　　什麼是薪酬？薪酬，是指員工在從事勞動、履行職責並完成任務之後，所獲得的經濟上的酬勞或回報。狹義上，它僅指直接獲得的報酬。如，薪資、獎金、津貼、股權等；廣義上，它還包括間接獲得的報酬。如，福利。企業的薪酬管理，是指企業管理者對本企業員工報酬的支付標準、發放水平、要素結構進行確定、分配和調整的過程。在這一過程中，企業必須就薪酬水平、薪酬體系、薪酬結構、薪酬形勢及特殊員工群體薪酬做出決策。同時，作為一種持續的組織過程，企業還要持續不斷地制訂薪酬計劃、擬定薪酬預算並就薪酬管理問題與員工進行溝通，同時，對薪酬系統本身的有效性做出評價並不斷予以完善。

第七講 餐飲企業薪酬管理

一、薪酬管理的理論與實踐

對於薪酬管理的定位問題，目前，在人力資源管理理論中主要有「唯薪論」和「薪酬無效論」兩種理論。「唯薪論」者認為：只要高薪，就能招聘到一流的員工，也因為高薪，員工不會輕易離職，因此，加薪是對付人事問題的殺手鐧；「薪酬無效論」者則認為：薪酬在吸引、保留、激勵人才方面不重要，只要有良好的工作環境、企業文化、個人發展機會，薪酬比其他企業低也沒關係。雖然這兩種理論各走極端，但二者又都有可取之處。對於餐飲企業，顯然不可能出現第一種理論的實踐，因為整個行業已經進入低利潤時代。餐飲企業員工薪酬水平已遠遠比不上其他行業。第二種情況在餐飲行業中比較多見，由於缺乏有效的薪酬管理制度，薪酬吸引力水平大大降低。近年來餐飲企業員工流失現象嚴重，員工（特別是大學生員工）流動率高，成為困擾餐飲企業管理人員的一大難題。員工流失的一個重要原因，就是餐飲企業缺乏良好的人力資源管理體系。薪酬管理不具備吸引力，在一定程度上打擊了員工的積極性，從而產生了「離心力」。

其實，相當一部分餐飲企業的業主、老總、管理人員都在一定程度上意識到薪酬管理對於餐飲企業發展的重要性，但很多只是掛在口頭上，真正做到「以人為本」、關心員工所需並透過完善的管理體系落實到行動上的並不多。換言之，就是對薪酬管理的重要性認識不足、對於薪酬管理的定位缺乏正確的認識。

目前，有兩種理論對餐飲企業薪酬管理的重新定位具有一定啟

示作用：一是「檸檬市場」理論；二是「格雷欣法則」。著名經濟學家喬治·阿克爾羅夫以一篇關於「檸檬市場」的論文，摘取了2001年的諾貝爾經濟學獎。「檸檬」在美國俚語中表示「次品」或「不中用的東西」，「檸檬」市場即次品市場的意思，是指訊息不對稱的市場，即在市場中，對於產品的品質產品的賣方比買方掌握更多的訊息。在極端情況下，市場會止步、萎縮或消失，這就是訊息經濟學中的逆向選擇。檸檬市場效應，則是指在訊息不對稱的情況下，往往好的商品遭受淘汰，而劣等品會逐漸占領市場，從而取代好的商品，導致市場中都是劣等品。當產品的賣方對產品品質比買方掌握更多訊息時，檸檬市場中的低質產品會不斷驅逐高質產品。餐飲企業的人力資源管理領域同樣存在著「檸檬市場」現象。由於難以判定每個員工真實的技能和績效，餐飲企業只能按全體員工的平均水平支付薪酬。高於平均技能、績效水平的員工沒有得到應有的薪酬，會因此而感到不滿意；這種狀況如果長久得不到改善，其中一部分人就會選擇「跳槽」；現有全體員工技能和績效的平均水平也因此而下降。進而，企業經營效益受到影響，員工所能得到的薪酬也將相應調低，高於平均水平的員工又會感到不滿意，進而引發新一輪的員工流失，形成惡性循環。

另一理論，是格雷欣法則。英國財政學家格雷欣曾發現過一個現象，兩種實際價值不同而名義價值相同的貨幣同時流通時，實際價值較高的貨幣，即所謂「良幣」，必然被收藏、熔化或輸出而退出流通；而實際價值較低的貨幣，即「劣幣」，則充斥市場。人們稱為「格雷欣法則」，亦稱「劣幣驅逐良幣規律」。與此類似，如果在薪酬管理方面與市場水平對接失衡，餐飲企業在薪酬管理上也會發生這樣的情況：企業「劣質」（素質較低）的人力資源驅逐「優質」（素質較高）的人力資源，優秀人才不斷流失。

這兩種理論實有異曲同工之處，都強調了合理薪酬管理的重要性。此外，也可以看出餐飲企業績效評估在薪酬管理中的重要作

用。可見，管理人員對薪酬管理重新進行合理的定位，將對餐飲企業管理水平和業績的提升帶來很大的幫助。

（一）「薪情」好，心情才好

1·薪酬管理的目的和作用

中國文化裡一直有著君子重義輕利的價值取向。西方社會裡人們卻主張回報與投入的等值。無論如何，這種差異並不能表明東西方社會單純地以收入或薪酬作為衡量工作價值的最佳標準。不可否認的一點是，在現代經營活動中，薪酬仍是企業對員工實施管理的利器。

對於企業外部而言，「薪情」的好壞，將影響到企業的外部競爭力（包括知名度、美譽度和優秀員工等），進而影響到企業的生存和發展；對企業內部而言，「薪情」的好壞，又間接地決定著員工心情的好壞及工作的績效。

從某種程度上說，好「薪情」給員工帶來強大的激勵，帶動他們對工作的積極性；反之，則會刺激員工怠工的情緒，並最終影響到企業潛能的開發。正如《薪酬方案——如何制訂員工激勵機制》的作者約翰·E·特魯普曼所說：「薪酬是現代企業中最主要的一個元素。它是對僱員勞動的一種酬勞、一種驅動、一種激勵和一份回報。」反之，它就會產生截然相反的作用。

對於餐飲企業和個人來講，薪酬都無法忽視。因此，薪酬管理既是餐飲企業人力資源管理中的重要內容，也是餐飲企業管理中最困難的工作之一。合理有效的薪酬體系，不僅會激勵員工而且會留住優秀餐飲人才，不合理的薪酬體系不僅打擊員工的工作積極性，甚至會讓優秀餐飲人才流失。有些餐飲企業就因為掌握核心技術人才的流失，造成了發展的停頓甚至是走向沒落。

薪酬管理與人力資源管理中的其他工作相比，有一定的特殊性，具體表現在三個方面。一是敏感性。薪酬管理是人力資源管理中最敏感的部分，因為它牽扯到企業每位員工的切身利益。特別是在人們生存品質還不是很高的情況下，薪酬直接影響他們的生活水平；另外，薪酬是員工在企業工作能力和受重視程度的直接體現，員工往往透過薪酬水平來衡量自己在企業中的地位。所以薪酬問題對每位員工都是一個敏感問題。二是特權性。薪酬管理是員工參與最少的人力資源管理項目。它幾乎是企業老闆的一種特權。老闆，包括企業管理者認為員工參與薪酬管理會使企業管理增加矛盾，並影響投資者的利益。所以，員工對於企業薪酬管理的過程幾乎一無所知。三是特殊性。由於薪酬所具有的敏感性和特權性，每個企業的薪酬管理差別會很大。另外，由於薪酬管理本身就有很多不同的管理類型，如，職位薪資型、技能薪資型、資歷薪資型、績效薪資型等。所以，不同企業之間的薪酬管理幾乎沒有可參考性。

　　2．慾望是對忠誠的挑戰

　　為了更好地理解薪酬管理的目的與作用，讓我們來講一個小故事：

　　這個故事的題目是《乞丐與狗》。有一個老乞丐，每天沿街乞討，過著食不果腹的日子，饑寒交迫地過著他的餘生。在一個冬夜，老乞丐行走在雪地裡，四處張望，試圖尋找一個相對暖和一些的地方來度過這個寒冷的夜晚。突然，不知是什麼東西絆了他一下，老乞丐重重地摔倒在地上。他慢慢地爬起來，低頭一看，原來是只斷了一條腿的狗橫臥在馬路中間把他絆倒了。這隻狗用絕望的眼神看著他，眼裡噙著淚花。老乞丐看著它，心裡不知不覺地產生一種酸楚的感覺。他悲嘆自己的命運和這隻狗是何其相似啊。於是他在附近找了一些樹枝和繩子把狗的腿綁了綁，然後帶著牠蜷在一個牆角下過了一夜。幾天如一日，時間過去了一個星期，這隻狗的

斷腿有些靈活了，精神頭也足了。這些日子裡，老乞丐靠每天在垃圾堆裡撿一些人們吃剩的骨頭餵這隻狗，但是骨頭的數量根本就無法滿足這隻狗的胃口，這是沒有辦法的事。因為他自己也整天餓著肚子。老乞丐看著這隻狗已經能夠正常行走了，滿意地拍拍牠的腦袋，對牠說：「走吧，在我這裡你會被餓死的，快去尋找一家好主人吧。」可是這隻狗就在他身邊搖著尾巴，用舌頭不斷地舔著他那粗糙的手心，眼裡充滿期望的目光，好像在說：「我以後不會離開你的。」老乞丐看著這一幕，眼淚禁不住奪眶而出，他活了這麼大歲數，到現在才真正感覺到了一次從未有過的成就感。顯然，老乞丐有些激動了，激動得雙手有些顫抖。他用這雙顫抖的雙手摟著狗的腦袋，終於做出了最後的決定，那就是要與牠相依為命，度過自己的殘生。

到了夜晚，這隻狗主動給老乞丐叼來雜草鋪地，白天為他帶路，老乞丐依然每天為牠撿著骨頭，雖然他們依然過著食不果腹、饑寒交迫的日子，可是快樂卻總是光顧著他們。有一天，在一座大飯店門前，他們享受了一次意外的美餐。有一家人在這個飯店裡舉辦婚禮，主人今天異常的高興，把很多的剩菜、剩飯給了這個老乞丐。最後，老乞丐吃得挪不動步了。他的狗看著剩下的一大堆骨頭也沒有了胃口，老乞丐指著狗身上溜圓的肚皮哈哈大笑，狗也看著老乞丐鼓起的肚子汪汪亂叫，似乎在說：「你不用笑我，你也差不多。」但是，美好的光景畢竟只是一時的，他們不得不回到現實中來，依然要面對饑餓。老乞丐倒是無所謂，因為他已經習慣了這種生活，可是他的狗不一樣，美餐已令它難以忘懷。終於，在一個冬夜，還是像他們相遇時那樣寒冷的一個冬夜，牠離開了他。第二天清晨，老乞丐又來到那座飯店門口，躲到牆角，看著他的狗在飯店門口不停地搖著尾巴，他嘆了一口氣，含著眼淚走開了。

冬夜，兩個一模一樣的冬夜，老乞丐與狗從相識到離散，所發生的事情是那樣的突然，卻又內涵著它的必然。原因就是老乞丐根

本就不能滿足狗對骨頭的需求。

　　「薪酬激勵」，這是一個企業管理者提起來就頭疼的難題。它是一把「雙刃劍」，既是企業發展的「發動機」，同時也是一個無所不能的「破壞者」。有的管理者認為，獎勵自己的員工就要到位。其實這種認識是一種偏頗。一個人的慾望是無止境的，員工也不例外。作為企業的主管者，不妨想一想自己創業時的情景，如果當年沒有日益膨脹的慾望，怎麼會有今天的成就？當然，我們不提倡企業在員工身上節約成本，關鍵是在獎勵的方式方法上，要下足了工夫。

　　在實際工作中，員工選擇企業的首要因素應當是滿意的薪酬。一個完整的薪酬結構，應該同時包括保障、激勵、調節三方面的作用。保障作用，主要是指透過基本薪資來保障員工及其家庭生活與發展的需要，有助於員工獲得工作的安全感，發揮工作積極性；激勵作用，績效薪資與成績薪資越來越成為管理者激勵員工的重要手段，增加薪酬結構中「活」的比例，更有助於調動員工的積極性；調節作用，主要透過福利來體現，透過提供各種福利與保險待遇，可使員工對企業有一種信任感和依賴感，形成良好的組織氛圍。

（二）薪酬管理的原則

　　在管理學上有個著名的「威士忌效應」。這對餐飲企業的薪酬管理會有一定的啟示作用。

　　所謂「威士忌效應」是說，很久以前，一位漁夫在河邊發現一條蛇咬住了一隻青蛙。青蛙眼看就要命喪蛇腹，眼中流出絕望的淚水。漁夫惻隱之心頓生，於是上前要求蛇放青蛙一命，蛇咬著青蛙，無法快速逃離，見漁夫如是要求，萬般無奈，只得放了青蛙。

青蛙獲救，千恩萬謝之後，迅速離開了現場，而蛇眼看到嘴的食物得而復失，心中不免憤憤。漁夫觀之，將懷中一瓶威士忌酒拿出來給了蛇。蛇從未飲過如此美酒，將酒一飲而盡，對漁夫謝過後離開。漁夫頃刻間將此事圓滿處理，不免有些得意洋洋，在午後的陽光下昏昏入睡。不料過了一會兒，河裡又有了聲響，被吵醒後，漁夫見剛才離去的蛇又游了回來，嘴裡咬著兩隻青蛙，而且為避免將青蛙咬死，蛇只是死死咬住青蛙的腿。蛇帶著渴望的目光望著漁夫，好像在說，這下我是不是可以得到兩瓶威士忌酒，漁夫一時瞠目結舌。

漁夫用威士忌酒激勵了不該激勵的蛇，造成了蛇變本加厲的行為。而在我們很多企業，高層管理者或企業主在處理員工的薪酬時，不按照一定的原則處理，為了留住自己所認為的「人才」，打破企業的制度。於是使得到額外利益的「蛇」受到了無形的激勵，開始游離於原則之外。企業高層管理者眼中的「人才」，得到超原則的「激勵」，其超原則的行為也會在無意中被強化。當身在事外的更多的人讀懂了規則之外的規則時，將會照貓畫虎，採取同樣的行動。加薪是好事，但處理不當，可能會產生意想不到的負面效果。

【案例思考】

為了更好地理解薪酬管理的原則，我們來看看川妹子餐廳的薪酬管理出了什麼問題。

川妹子餐廳坐落於某市西北地區的一條繁華街道上，餐廳規模不大，陳設幽雅，主要經營正宗的川菜。由於餐廳生意興隆，餐廳老闆決定擴大餐廳的規模，從原來的12張餐桌增加到20張。由於規模擴大了，服務員和廚師的幫工人手明顯不夠。因此，老闆透過一家人才中介機構聘請了8名員工。其中2名是40歲以上的當地二度就業婦女，主要職責是給廚師協助，從事食品清潔和準備工作，

薪資為每月800元；另一名是老闆的親戚，薪資為每月850元。其餘5名員工都是20～30歲之間的年輕人。他們或多或少有一些餐廳打工的經驗，每月薪資600元。雖然從表面上看，服務員的薪資要低於廚房的工作人員，但是，如果服務員盡心盡責，可能獲得的小費卻不會少。但是，營業兩個月下來，老闆逐漸發現了廚房工作人員與服務員之間存在著某種對抗。透過進一步觀察，老闆發現他們矛盾的焦點是薪資。廚房工作人員認為服務員活輕，而且如果沒有他們的辛勤勞動，服務員就只能提供冰冷的食物。但是，服務員賺得卻比她們多得多，這非常不公平。然而，服務員們卻自有他們的看法，他們認為人人都會切菜、洗杯子，而他們所提供的服務卻是專業化的。當問題一步步激化時，老闆決定著手解決這個問題，因為他發現這種爭執已經影響到了餐廳的正常營業。有時，客人在餐廳等了很久，菜卻遲遲不能上來，原因就是心懷不滿的廚房工作人員故意拖延時間，致使造成多次客人憤然離席。事實上，由於以前餐廳規模小，員工基本上都是老闆的親戚、朋友。主廚則是以合夥人的身份在餐廳工作，與老闆的私人關係也非常好，所以他們合作的這兩年一直沒有出現過什麼不愉快。而老闆本人也一直認為，經營餐飲業最主要的是原材料的採購和確保菜餚品質等問題，而對員工的管理沒有過多關注。直到最近問題出現了，才迫使他不得不認真思考這個問題。經過反覆推敲，老闆決定給兩個在廚房工作的女工增加薪資，由每月800元調至1000元，以提高她們的工作積極性。決定一宣布，瀰漫在餐廳中的緊張氣氛似乎很快就消失了。但是，好景不長，不久老闆又發現服務員的工作積極性也開始下降了，甚至有一兩個人還私下透露過想跳槽。原因是，他們覺得既然廚房工作人員的薪資增加了，那麼他們的底薪也應該增加。況且他們透過熟人瞭解到，在其他類似規模的餐廳，服務員每月的底薪就有800元。這時，老闆才感到問題並不像他一開始想像的那麼簡單了。為此，他曾考慮過辭退這批員工，重新招募新人，但是一想到

招聘和培訓的費用他又猶豫不決。而且，頻頻更換員工對餐廳來說還有很多負面影響。請問，川妹子餐廳老闆在設計薪酬時忽略了哪些原則，而導致員工對薪酬的不滿意？員工薪資肯定不可能無限量地增加下去，但又該如何調動員工的工作積極性呢？

（三）薪酬管理的特性

1．薪酬管理具有競爭性

　　餐飲企業想要獲得具有真正競爭力的優秀餐飲人才，必須要制訂出一套對人才具有吸引力並在行業中具有競爭力的薪酬系統。如果企業制訂的薪酬水平太低，那麼在與其他企業的人才競爭中必然處於劣勢地位，甚至本企業的優秀人才也會流失。在進行薪酬設計時，除了較高的薪酬水平和恰當的薪酬價值觀外，餐飲企業應針對各類員工的自身特點，制訂靈活的、多元化的薪酬結構，以增強對員工的吸引力。高於市場薪酬水平的薪酬會給企業帶來一些好處，主要表現如下：

　　（1）高水平的薪酬，往往能夠很快為企業吸引來大批可供選擇的求職者。因此，高薪一方面有利於企業在較短時間內獲得大量急需的人才，迅速解決人才不足的問題；另一方面，還可使得企業提高招募標準，從而提高企業所能夠招募到的員工品質。

　　（2）高薪還能減少企業在員工甄選方面所支出的費用。這是因為求職者通常清楚，較高的薪水往往意味著企業對員工的能力有較高的要求，或者是未來工作的壓力會比較大。因此，那些低素質的和達不到任職資格要求的求職者往往會透過自我認知而避免選擇這種支付較高薪酬的企業，從而使企業在甄選方面所支付的人力、物力成本相應降低。

　　（3）較高的薪酬水平提高了員工離職的機會成本，有助於改

進員工的工作績效（努力工作以防止被解僱）、降低員工的離職率，並可減少對員工工作過程進行監督而產生的費用。

（4）較高的薪酬水平，使得企業不必跟隨市場水平經常性地為員工加薪加酬，從而節省薪酬管理的成本。

（5）較高的薪酬還有利於減少因薪酬問題引起的勞動糾紛，同時有益於提高企業形象和知名度。

2．薪酬管理具有平衡性

所謂平衡，就是要追求公平，而公平是一個相對概念，世界上沒有絕對的公平。公平理論又稱社會比較理論。它是美國行為科學家亞當斯（J.S.Adams）於20世紀60年代提出的一種激勵理論。這是一種透過社會比較，探討個人所做出的貢獻與其所獲得的獎酬之間如何平衡的理論。它側重研究薪資報酬分配的合理性、公平性對員工工作積極性的影響。亞當斯認為，當一個人覺察到投入於工作的努力和由此所獲得的報酬之比，和其他人作比較，當結果一致時，他就會認為公平，否則就會感覺不公平。在公平情況下，能夠激勵員工付出更多的努力，反之，就難以激勵員工。將公平理論應用於薪酬制度，可以得到三種公平的表現形式。

（1）薪酬對外部的公平性。薪酬對外部的公平性或說薪酬的外部競爭性，是企業的整體薪酬水平必須充分考慮市場的整體薪酬水平和薪酬實踐趨勢。要使企業的薪酬在相關行業及所在地區具有競爭性，具體是指企業或組織的整體薪酬水平與外部市場水平的比較；同類職位收入水平與外部市場同類職位收入水平的比較。由於這種比較的結果常常會影響到求職者的選擇性或是影響企業中現有員工是否做出跳槽的決策。因此，一般情況下，企業往往都會借助市場薪酬調查來避免員工產生強烈的外部不公平感。

（2）薪酬對內部的公平性。薪酬對內部的公平性，是指企業

內部職位與職位之間的等級必須保持相對公平，即薪酬政策中的內部一致性。內部公平性產生於職務內容本身，具有一定的客觀性，在決定薪資率的過程中起著重要作用。它指示企業或組織內部各職位間的薪酬平衡水平是否與該職位的價值相符。

內部公平性是內部員工的一種心理感受。這種平衡的衡量標準能否讓員工對薪酬的公平性感到滿意。如果員工認為薪酬不公平，則企業的薪酬沒有達到內部均衡。員工對薪酬公平性認可度越高，薪酬的內部均衡性就越高。在實踐中，企業往往透過工作評價來強化員工對於薪酬內部公平性的認可。

（3）薪酬對個人的公平性。薪酬個人公平性，是指員工薪酬的一部分應該與企業、部門或個人業績結合起來，體現績效文化。員工個人之間的公平性，要求組織中每個員工得到的薪酬與他們各自對組織的貢獻相匹配。對在同一組織中從事相同工作員工的薪酬進行比較，主要應體現於對績效優秀、績效一般及績效不良的三種情況，是否存在合理的薪酬差距。企業通常採用績效加薪的獎勵方式來體現三類公平及不同個體對企業貢獻的差異性。

處在生命週期不同階段的餐飲企業具有不同的特點。一個餐飲企業只有根據自己所處的發展階段建立基於戰略目標的薪酬管理體系，從制度上突出企業的價值導向和戰略重點，體現薪酬的平衡性、公平性透過薪酬三類公平的完美結合驅動員工的行為，才能極大地激勵員工的積極性，推動企業戰略目標的實現，促進企業的健康發展。

社會平均比較，是指員工會將自己的薪酬水平與同行業同等職位的薪酬進行比較，如果發現自己的薪酬高於平均水平，則滿意度會提高；如果發現自己的薪酬低於平均水平，則滿意度會降低。薪酬管理的主要任務之一，就是對職位的價值進行市場評估，確定能吸引員工的薪酬標準。

公平度，是指員工把自己的薪酬與其他員工的薪酬相比之後感覺到的平衡程度。提高公平度，是薪酬管理中的難點。實際上，人力資源部門不可能在這點上做到讓全體員工滿意。許多企業之所以實行薪酬保密制度，就是為了防止員工得知其他員工的薪酬水平後，降低對薪酬管理公平度的認同。另外，如果沒有對公平度的認同，員工便很難認同薪酬與績效間的聯繫，從而降低績效考評的效果。

提高薪酬管理的滿意度，可以從與社會平均水平之比和提高公平度兩個方面來進行。可以建議將餐飲企業員工的薪酬水平定在稍高於同行業、同職位的薪酬水平之上，這樣有利於員工的穩定和招募。

公平度是員工的主觀感受，人力資源部門不要試圖透過修訂薪酬制度來解決這個問題。當然，薪酬制度在不適應企業發展的需要時，可以進行修訂，但它不是提高公平度最有效的辦法。解決這個問題，人力資源部門應該將注意力集中在薪酬管理的過程中，而非薪酬管理的結果上。

比如，我們可以讓員工參與薪酬制度的制訂。實踐證明，員工參與決策能使決策更易於推行。一些老闆和管理者擔心，員工參與薪酬制度的制訂會極大地促使政策傾向於員工自身的利益，而不顧及企業的利益。這個問題在現實中是存在的，但解決辦法是讓老闆、管理者和員工一起來討論分歧點，求得各自利益的平衡。實際上，老闆和管理者應該充分相信群眾，大多數員工是不會同意為了自身利益而損害企業利益的。員工參與與不參與的區別僅在於：員工參與決策，在政策制訂之中就可以發現並解決問題；而員工不參與，則當政策執行時，同樣會暴露出問題，但這時往往已錯失瞭解決問題的時機。

另外，人力資源部門還要促使老闆、管理者和員工建立起經常

性的薪酬管理的溝通管道，促進三者之間的相互信任。總之，溝通、參與與信任會顯著影響員工對薪酬管理的看法，從而提高員工對薪酬管理的滿意度。

3．薪酬具有激勵性

薪酬是激勵員工最有力的工具之一，如果能較好地運用薪酬激勵的槓桿作用，就能較好地調動員工的積極性。讓我們來看一個珠寶店的案例，可能對餐飲企業人力資源管理具有一定借鑑意義。

某珠寶店的業績平平，但老闆希望他的業績遠超其他店。要提升銷售業績，首先必須設法吸引更多的客戶。為此，他設立了最高的月度獎金。然而，實施了一段時間後，效果並不理想。經調查，他發現每月的週期太長，員工積極性不高。於是，改為每日最大單獎，在接下來的一個月裡，業績明顯上升。兩個月下來，老闆又發現了新問題，如果當天有人一開門就拿了大單，其他人無論怎麼樣也超不過，當天其他人的積極性都會受到影響。因此，只要當天有了一個大單對企業便十分不利。於是，老闆又增設了平均營業額最大獎。這個獎設立以後，有更多的人受到了激勵，但雖然業績繼續上升，卻出現了一種奇怪的現象，有的人到下班前兩個小時，便開始不做事了。原來他當天的平均營業額已經最大，如果在下班前兩小時再接到幾個小單，他的平均銷售額就會下降，可能就拿不到這個獎了。於是老闆又增設了個人最大總營業額獎。然而，這種對個人業績的考評，導致了營業員互相搶單，出色的營業員不願將自己的成功經驗與人分享。針對這種情況，又設立了團隊營業額獎。最高月度獎、平均銷售額獎、總銷售額獎、團隊獎設立後，員工士氣高漲，互相鼓勵和支持，全天處於亢奮狀態，經常到了下班時間，剛好到了能夠拿到團隊獎的臨界線（每天的客流量不同，每天的團隊獎臨界點也不同），大家就商量遲一點下班，因為珠寶店必須所有的人同時離店，每週有2～3天全員自動加班。可是，老闆不太

滿足，於是他把團隊獎進行分等級，等級越高，獎金越多。由此，出現了員工已經加班一小時，營業額衝上了一個等級，卻又到了另一等級的臨界線，大家摩拳擦掌，繼續加班的情況。在這些獎項設立後，該珠寶店的營業額達到了同等規模珠寶店的1.5倍以上。

薪酬的激勵是一種專業技術，不能發揮激勵作用的薪酬體系是不成功的。

4．薪酬具有經濟性

老闆和員工之間要堅持「利益一致性」原則。企業賺錢離不開全體員工的努力，老闆賺了錢就應該拿出一部分來回報給大家。如何回報？大有學問。

經濟原則在表面上與競爭原則和激勵原則是相互對立和矛盾的。競爭原則和激勵原則提倡較高的薪酬水平，而經濟原則則提倡較低的薪酬水平，但實際上三者並不對立也不矛盾，而是統一的。當三個原則同時作用於企業的薪酬系統時，競爭原則和激勵原則就受到經濟原則的制約。這時餐飲企業管理者所考慮的因素就不僅僅是薪酬系統的吸引力和激勵性了，還會考慮企業承受能力的大小、利潤的合理累積等問題。

經濟原則的另一方面，是要合理配置勞動力資源，當勞動力資源數量過剩或配置過高，都會導致企業薪酬的浪費。只有企業勞動力資源的數量需求與數量配置保持一致，學歷、技能等的要求與配置大體相當時，資源利用才具有經濟性。

5．薪酬具有合法性

薪酬系統的合法性是必不可少的，合法是建立在遵守國家相關政策、法律法規和企業一系列管理制度基礎之上的。如果企業的薪酬系統與現行的國家政策、法律法規及企業管理制度不相符合，企業就應該迅速予以改進，使其具有合法性。

北京某餐廳因小時薪資計算不合理被員工告上法庭。月薪改為小時薪酬，企業用月薪除以30天作為小時薪的計算依據，但按照相關法律規定，應當以月薪除以20.92天折算。該餐廳由此而引發官司。經北京市東城區人民法院對此案開庭審理並做出宣判，判定餐廳賠付原告員工兩個月計時薪資與月薪資的差額及補償金。

據原告訴稱，她於2001年7月與該餐廳簽訂勞動合約，約定其勞動報酬為月薪資1180元。2002年5月1日，在勞動合約未到期時，被告便單方面決定變更勞動合約，將其獲取勞動報酬的形式由月薪改為小時薪，並以1180元除以30天作為小時薪的計算依據。原告稱，這一計算依據違法，與月薪相比每小時的實際薪資遭倒扣，並據此要求被告賠付薪資差額並支付違約金。被告則辯稱，企業雖然進行了分配制度的改革，但從未拖欠原告女士的勞動報酬，因此，不存在違法問題。

法院審理認為，在小時薪的計算方法上，被告企業按照每月計薪天數30天計算員工的小時薪酬不當，對於2002年5、6月份，因計薪方法錯誤所造成的原告薪資損失，被告企業應予補付。此後，雙方簽訂勞動合約，約定了小時薪資，應為合法有效。

法院最後判決，被告企業支付原告在2002年5、6月份薪資差額1481.6元及經濟補償金370.4元。

雖然補償的金額不多，但勞動糾紛會對企業品牌產生不良影響。作為餐飲企業管理人員要懂法、守法，牢固樹立依法治企的理念。

（四）薪酬管理的方法

薪酬管理是隨著社會進步和企業發展與時俱進的，因此，要適時地進行調整，以適應社會和企業發展的客觀要求。

1‧能本管理/人本管理

能本管理，即以能為本，強調包括薪酬分配在內的一切管理活動均須有利於體現和發展人的能力。這就要求企業應該認識到，在現代薪酬管理體系中，薪資體系的成本不僅取決於支出，而且更取決於效率。薪酬不應僅僅被看做是一種成本支出，更應看做是一種投入，一種能帶來價值回報的投入。弘揚能本管理的薪酬文化，更須真正堅持以人為本，全面、協調、可持續的科學發展觀，透過建立基於素質建設的薪酬體系和薪酬制度，激勵員工全面提升個人素質和能力。

2‧寬帶薪酬/等級薪資

所謂寬帶薪酬，是指對多個薪酬等級和薪酬變動範圍進行重新組合，從而變成只有少數薪資等級和相應較寬的薪酬變化範圍。寬帶薪酬制度將薪資等級融入變化範圍更大、更寬的薪資帶之中，更加重視人的因素，儘管仍以職位等級為基礎，但在不突破現有薪資制度的框架內，一定程度上避免了完全按等級確定薪資的傳統做法，對於提高員工的能力和績效具有更大的激勵作用，同時，基於績效而拉大薪資差距，是獎優罰劣和按勞取酬的體現，有利於刺激員工的積極性。

3‧短期激勵/長期激勵

如何留住優秀的員工？如何更好地激勵他們為企業發展而努力工作？關鍵是要從注重對員工的短期激勵轉向重視長期激勵。短期激勵性質的薪酬，容易導致員工工作行為的短期化，而員工行為，尤其是員工工作行為的短期化和人才流失，必然會影響餐飲企業的可持續發展和長期發展戰略的實現。為了留住關鍵職位上的技術人員，穩定優秀的員工隊伍，引導員工把關注重點放在企業發展的長遠目標上來。近年來，已經有越來越多的餐飲企業開始實施包括沉澱薪酬、業績股票、股票增值權、虛擬股票計劃、股票期權等長期

激勵方式，以提高對員工的長期激勵效應。

4．薪酬設計的普遍原則/員工個性化方案

對於員工的薪酬設計只有普遍性的原則，沒有普遍性方案。適合的就是最好的。儘管薪酬設計在指導理念、原則、方法上有可能是相同的，但是要根據企業實際情況和員工的實際情況設計適合的方案。

二、薪酬管理體系的設計

（一）薪酬管理體系設計的步驟

要設計出合理科學的薪酬體系和薪酬制度，一般要經歷以下幾個步驟：

1．職位分析

職位分析是確定薪酬的基礎。結合餐飲企業經營目標，企業管理層要在業務分析和人員分析的基礎上，明確部門職能和職位關係，人力資源部和各部門主管合作編寫職位說明書。

2．職位評價

職位評價（職位評估），重在解決薪酬的對內平衡性問題。它有兩個目的，一是比較企業內部各個職位的相對重要性，得出職位等級序列；二是為進行薪酬調查建立統一的職位評估標準，消除不同企業間由於職位名稱不同或即使職位名稱相同，但實際工作要求和工作內容不同所導致的職位難度差異，使不同職位之間具有可比性，為確保薪資的公平性奠定基礎。職位評估是職位分析的自然結果，同時又以職位說明書為依據。職位評價的方法有許多種，比較

複雜和科學的，是計分比較法。它首先要確定與薪酬分配有關的評價要素，並給這些要素定義不同的權重和分數。在國際上，比較流行的如Hay模式和CRG模式，都是採用對職位價值進行量化評估的辦法，從三大要素和若干個子因素方面對職位進行全面評估。不同的諮詢企業對評價要素有不同的定義和相應分值。

3．薪酬調查

薪酬調查重在解決薪酬的對外競爭力問題。餐飲企業在確定薪資水平時，需要參考勞動力市場的薪資水平。餐飲企業可以委託比較專業的諮詢企業進行這方面的調查。

薪酬調查的對象，最好是選擇與自己有競爭關係的餐飲企業或同行業的類似企業，重點考慮員工的流失去向和招聘來源。薪酬調查的數據，要有上年度的薪資增長狀況、不同薪酬結構對比、不同職位和不同級別的職位薪酬數據、獎金和福利狀況、長期激勵措施及未來薪酬走勢分析等。

4．薪酬定位

在分析同行業的薪酬數據後，須根據企業狀況選用不同的薪酬水平。影響餐飲企業薪酬水平的因素有多種。從企業外部看，國家的宏觀經濟形勢、通貨膨脹率、行業特點和行業競爭、人才供應狀況甚至外幣匯率的變化，都對薪酬定位和薪資增長水平具有不同程度的影響。在企業內部，營利能力、支付能力和人員的素質要求是決定薪酬水平的關鍵因素。企業發展階段、人才稀缺度、招聘難度、企業的市場品牌和綜合實力，也是重要影響因素。同產品定位相似，在薪酬定位上，企業可以選擇領先策略或跟隨策略。薪酬上的領頭羊未必是品牌最響的企業，因為品牌響的企業可以依靠其綜合優勢，不必花費最高的薪資也可能找到最好的人才。往往是那些財大氣粗的後起之秀最易採用高薪策略。它們多處在創業初期或快速上升期，投資者願意用金錢買時間，希望透過挖到一流人才來快

速拉近與大廠企業之間的距離。

5．薪酬結構設計

報酬觀反映了企業的分配哲學，即依據什麼原則確定員工的薪酬。不同的餐飲企業有不同的報酬觀。許多跨國餐飲企業在確定人員薪資時，往往要綜合考慮三個方面的因素：一是職位等級；二是技能和資歷；三是個人績效。在薪資結構上與其相對應的，分別是職位薪資、技能薪資、績效薪資。也有的將前兩者合併考慮，作為確定一個人基本薪資的基礎。職位薪資由職位等級決定。它是一個人薪資高低的主要決定因素。職位薪資是一個區間，而不是一個點。餐飲企業可以從薪酬調查中選擇一些數據作為這個區間的中點，然後根據這中點確定每一職位等級的上限和下限。例如，在某一職位等級中，上限可以高於中點20，下限可以低於中點20。

相同職位上不同的任職者由於在技能、經驗、資源占有、工作效率、歷史貢獻等方面存在差異，導致他們對企業的貢獻並不相同（由於績效考核存在侷限性，這種貢獻不可能完全以量化方式體現出來），因此技能薪資有差異。所以，同一等級內的任職者，基本薪資未必相同。如上所述，在同一職位等級內，根據職位薪資的中點設置一個上下的薪資變化區間，就是用來體現技能薪資的差異。這就增加了薪資變動的靈活性，使員工在不變動職位的情況下，隨著技能的提升、經驗的增長而在同一職位等級內逐步提升薪資等級。

績效薪資是對員工完成業務目標而進行的獎勵，即薪酬必須與員工為企業所創造的經濟價值相聯繫。績效薪資可以是短期性的，如銷售獎金、項目浮動獎金、年度獎勵，也可以是長期性的，如股份期權等。此部分薪酬的確定與企業的績效評估制度密切相關。

綜合起來說，確定職位薪資，需要對職位作評估；確定技能薪資，需要對人員資歷作評估；確定績效薪資，需要對工作表現作評

估；確定企業的整體薪酬水平，需要對企業營利能力、支付能力作評估。每一種評估都需要一套程序和辦法。所以說，薪酬體系設計是一個系統工程。無論薪資結構設計得怎樣完美，一般總會有少數人的薪資低於最低限或高於最高限。對此，可以在年度薪酬調整時進行糾正，比如，對前者加大提薪比例，而對後者則少調甚至不調等。

6．薪酬體系的實施和修正

在確定薪酬調整比例時，須對總體薪酬水平做出準確的預算。目前，大多數餐飲企業是財務部門負責此項測算。為準確起見，最好是人力資源部也參與此項測算工作。人力資源部需要建好薪資臺帳並設計一套比較好的測算方法。

在制訂和實施薪酬體系過程中，及時的溝通、必要的宣傳或培訓是保證薪酬改革成功的因素之一。從本質意義上講，勞動報酬是對人力資源成本與員工需求之間進行權衡的結果。世界上不存在絕對公平的薪酬方式，只存在員工是否滿意的薪酬制度。人力資源部可以利用薪酬制度答疑、員工座談會、滿意度調查、內部刊物甚至BBS論壇等形式，充分介紹企業制訂薪酬制度的依據。為保證薪酬制度的適用性，規範化的餐飲企業都對薪酬的定期調整做出規定。

依照上述步驟和原則設計基本薪酬體系，雖然顯得有些麻煩，但卻可以收到良好的效果。員工對薪酬向來是既患得又患失。儘管有些企業的薪酬水平較高，但如果缺少合理的分配製度，也會適得其反。

三、餐飲企業薪酬管理體系設計實例

某飯店薪酬管理體系設計方案

（一）薪酬釋義

薪酬，是對員工為企業所做出貢獻和付出努力的補償，同時體現工作性質、員工的技能與經驗。

（二）適用範圍

企業全體正式員工。

（三）目的

適應企業組織結構調整的要求，使員工能夠與企業共同分享發展所帶來的收益，把短期收益、中期收益與長期收益有效結合起來，增強薪酬的激勵性，以達到企業吸引人才，留住、激勵人才的目的。

（四）基本原則

1．公平性原則

按勞計酬，以體現外部公平、內部公平和個人公平，在確定員工薪酬時以職位特點、個人能力、工作業績及行業薪酬水平為依據，同時適當拉開差距。

2．經濟性原則

薪酬水平與整個企業的經營業績緊密聯繫，將員工的部分薪資隨企業的當期效益情況浮動。

3．激勵性原則

薪酬以增強薪資的激勵性為導向，透過薪資晉級和獎金的設置激發員工工作積極性。

４．競爭性原則

在薪酬相對值調整的同時，薪酬總體水平也有一定幅度的提高，在吸引外部人才方面具有一定的競爭力。

（五）基本薪酬結構

員工的基本薪酬組成為：職位薪資＋附加薪資＋獎金

（六）薪酬體系

根據員工的工作性質和特點，企業薪酬體系由年薪制、職位效益薪資制、銷售抽成薪資制、計件薪資制及協議薪資制五種類型構成。

職位薪資，是根據員工職位相對價值而確定的薪資單元。

（一）職位薪資的分類

①根據職位工作性質，將企業的所有工作職位進行分類並歸入服務及操作職工職位、專業技術職工職位、主管職位、部長職位和高管職位等五個職系。

②為反映不同職位的價值區別和體現公平，每個職系中，根據每個職位的工作職責、承擔的責任、工作強度和複雜性、知識技能要求及工作環境等綜合因素比較，將同一職系中不同的職位歸入不同的職等，代表職位由高到低的價值區別。人力資源部根據企業的發展和各職位性質的變化對職位的職等提出調整建議，經高層管理委員會審議批准後執行。

③為體現相同職位上不同能力和水平的員工個人價值差距和給員工提供合理的晉級空間，每個職系中的每個職等從低到高均分為五個等級，形成企業的職位薪資體系。

（二）員工職位薪資的確定

①符合任職最低要求條件的員工薪資，按所在職系職等對應職位薪資的最低檔案起薪。

②學歷條件與工作經驗條件中一項高於任職要求而另一項低於任職要求的員工薪資，按所在職系職等對應職位薪資的最低檔案起薪。

③任職的學歷條件或經驗條件低於任職條件的員工薪資，按所在職系職等對應職位薪資的最低檔案下調一級起薪。

④符合任職條件，其中學歷條件或工作經驗條件高於任職要求的員工薪資，按所在職系職等對應職位薪資的最低檔案上調一級起薪。

⑤對工作能力特別強或工作表現特別優秀的員工薪資，經高層管理委員會評議可高於所在職系職等對應的等級起薪。

（三）職位薪資的調整

企業薪資調整分為整體調整和個別調整。

1．整體調整

企業薪資整體調整，由高層管理委員會依據年度內實現的利潤和綜合經營業績，統一調整職位薪資水平。

2．個別調整

企業薪資個別調整，根據員工個人年底考核結果和職位變動情況確定，具體有以下幾種方式。

（1）考核調整

年終根據綜合得分對員工薪資進行調整，具體辦法詳見《××××考核體系設計》。對於服務員和工程部員工，根據人力資

源部限定的名額進行內部評比推薦晉升薪資的人選，由人力資源部綜合審核後提出建議，經高層管理委員會批准後晉級。

（2）升職變動調整

員工升職或平調後，若原職位薪資已高於新職位所在職系、職等相對應的最低檔案職位薪資，則在原職位薪資的基礎上上調一級起薪；若原職位薪資低於新職位的職系、職等，則按新職位所在的職系、職等相對應的職位薪資最低檔案起薪。

（3）降職變動調整

員工降級後，按新職位所在的職系、職等相對應的職位薪資的最低檔案起薪。

（4）獎勵調整

對做出突出貢獻的員工，經高層管理委員會評議可上調一級職位薪資。

（四）職位薪資的用途

職位薪資可作為以下項目的計算基數：

①保險的繳納基數。

②加班費的計算基數。

③事病假薪資計算基數。

④外派受訓人員薪資計算基數。

⑤其他基數。

附加薪資，由員工工齡和企業根據工作保障等規定的薪資單元（包括工齡薪資、加班薪資、補貼、福利、保險等五部分）構成。

（一）工齡薪資

員工工齡薪資，每年10元，以12月31日為核算日，不足一年的按一年計算。

（二）加班薪資

1．加班薪資計算公式

加班薪資＝（職位薪資/168）×加班小時數×加班薪資倍數（加班時間計算到半小時，不足半小時的按半小時計算；加班薪資計算到元，不足1元的按1元計算）。

其中：

——正常加班的加班薪資倍數為1.5；

——週末加班的加班薪資倍數為2；

——法定節假日加班的加班薪資倍數為3。

2．加班薪資的適用範圍

實行計件薪資制的員工和實行銷售抽成薪資制的員工無加班薪資，如果晚上工作超過2小時企業給予夜班補貼4元/天；高層管理人員實行彈性工作時間，無加班費；其他人員不鼓勵加班，工作應儘量在工作時間內完成，但是確因工作任務緊急或直接上級安排可以申報加班。

3．加班審批手續

員工加班前填寫加班申請單，經直接上級審批後執行，加班後將加班的具體工作內容和加班的起止時間經直接上級確認後報送人力資源部。人力資源部對加班費每月統計核算一次，隨當月薪資發放。

（三）補貼

補貼類別：翻桌補貼、交通費補貼、通信費補貼、差旅補貼、住房補貼、醫療保健補貼。

1．翻桌補貼

翻桌補貼，是針對因翻桌增加的工作量，而給予餐飲服務員的附加薪資。其計算公式如下：

翻桌補貼=Σ（某類型翻桌單價×月某類型翻桌數量）

翻桌單價由＿＿＿部根據銷售情況確定一個固定數，每半年調整一次。

2．交通費補貼

①居住地距離企業工作地點1.5公里以外的企業正式員工，每人每月給予交通補貼＿＿元，請假期間按每天＿＿元扣除。

②非工作時間企業召開會議或晚上加班晚於9：00以後，居住地距離企業工作地點1.5公里以外的企業正式員工給予交通補助＿＿＿元/次。

③非工作時間因緊急情況而被安排工作所發生的打車費用或其他交通費用，經高層管理人員簽字後，據實報銷。

3．通信費補貼

享有通信費補貼的範圍，是部長級以上管理人員和銷售人員，補貼標準。

①通信費補貼每月隨薪資發放，享有通信補貼的員工的通信工具在8：00～21：00必須處於開機狀態，每發現一次因關機而影響工作聯繫的情況，扣通信費補貼總額的20%。

②通信費補貼的標準由行政辦公室統一制訂和管理，行政辦公室根據職位業務和工作性質的變化對通信費補貼標準進行修改和調整。

4．差旅補貼

差旅費按企業有關出差制度規定執行。

5．住房補貼

住房補貼，是在國家統一規定員工應該享有的住房公積金之外，企業根據經營狀況對員工住房給予的一種福利待遇。住房補貼的發放，按企業相關規定執行。

6．醫療保健補貼

醫療保健補貼，是在國家統一規定員工應該享有的醫療保險制度頒佈實施之前企業給予正式員工的一項福利待遇。按企業相關規定執行。

（四）福利

福利，是企業為員工提供的除薪資與獎金之外的薪資性待遇。福利主要以物資或貨幣形式發放，具體分為：

1．節日津貼

逢春節、元旦、中秋節等國家規定的法定節日，企業發放給員工的實物或過節費。

2．勞保用品

企業免費為正式員工提供統一的工作服及特殊職位員工必要的勞動保護用品。

3．生活補助

—暑期補助費。每年8月份企業給予員工一次性補助每人＿＿＿元。

—暖氣補助費。每人每年1月份企業給予員工一次性補助＿＿＿元。

—梳洗費。每人每月＿＿＿元。

—書報費。企業鼓勵員工學習專業知識，經行政辦公室批准購買的與本職工作有關的書籍在行政辦公室登記歸檔案後實報實銷，使用後交行政辦公室存檔案。

（五）保險

企業為正式員工所投保險，主要有養老保險、失業保險、醫療保險等，企業根據國家要求、員工的職位性質，結合企業實際為員工投保不同的險種。

1．五險一金

企業為每位正式員工投保五險一金。保險的計算以薪資收入為基數按國家規定繳納。

2．醫療保險

由於國家醫療制度正在改革之中，企業將根據國家的統一要求逐步實行，目前以醫療補貼的形式發放。

3．其他保險

其他險種根據職位的需要和國家的相關規定，由人力資源部確定。

企業獎金主要包括全勤獎、優秀團隊獎、年終效益獎、特殊貢獻獎和創新獎。其中，全勤獎為月度獎；優秀團隊獎和年終效益獎為年度獎；特殊貢獻獎和創新獎為不定期獎。

（一）全勤獎

是對月度中沒有請假、曠職、遲到、早退員工的一種獎勵。全勤獎按月隨薪資發放，每月＿＿元。全勤獎的適用範圍，是按正常工作時間上班的員工。

（二）優秀團隊獎

優秀團隊獎，分為優秀部門獎和優秀班組獎。

①優秀部門獎，是對在年度內工作業績突出、內部管理有序、員工團結向上、積極主動配合其他部門工作的部門的獎勵。優秀部門在年度末由人力資源部組織評比，評出一、二、三等獎，由企業確定部門負責人占團隊獎的比例，剩餘部分由部門負責人進行內部分配。

②優秀班組獎，是對年度內工作業績突出，模範帶頭作用、成員愛職位敬業班組的獎勵。優秀班組由人力資源部組織評比，相關部門配合，評出一、二、三等獎。評為優秀的部門或班組，由企業授予榮譽稱號並給予一定數額的現金，以資鼓勵。優秀團隊獎金額度規定。

（三）年終效益獎

年終獎，是企業根據全年經營效益狀況和員工工作業績考評結果，一次性向員工發放的年度獎金。

（四）特殊貢獻獎和創新獎

①特殊貢獻獎，是對經過個人努力給企業帶來較大貢獻員工的一種特別嘉獎。例如，員工透過個人關係給企業帶來了大客戶，或

透過與政府的特殊關係給企業解決了一些實際困難，或合理化建議被採納，經驗證，為企業減少了較大損失或帶來較大經濟效益等。

②創新獎，是對透過改進工作方式、方法或工藝等，實現產品創新並給企業帶來一定現實效益或潛在效益員工的專項獎勵。

③特殊貢獻獎和創新獎須經員工的直接上級申請，主管副總或總經理簽署意見，人力資源部綜合考核並提出獎勵建議，總經理或高層管理委員會審議透過。

④高層管理委員會根據貢獻大小在100～10,000元之間確定獎勵金額。

（一）適用範圍

年薪制的適用範圍是：企業總經理、副總經理及經營業績能夠以1年為完整經營週期進行評估的職位。

（二）年薪定位

總經理職位年薪分為5個等級、副總經理職位年薪分為3個等級，每個等級又分為5個等級。由_____根據任職者的工作經驗，綜合能力和資格條件確定職位等級。新任職的高層管理人員，從第一檔起薪，今後每年底由_____根據經營目標的完成情況確定總經理是否晉升、保持或降級；副總經理由_____確定是否晉級、保持或降級。

（三）薪酬結構

年薪制的薪酬結構為：基本年薪＋效益年薪＋附加薪資。

1・基本年薪

基本年薪：為年薪總額的40%，按月平均發放。

2・效益年薪

效益年薪：基數為年薪總額的60%，根據年終經營目標考核結果發放。其計算公式為：

效益年薪 = 效益年薪基數×年度績效考核係數

（四）總經理年薪的考核

每年初，由＿＿＿與總經理協商確定年度經營任務和目標，考核由＿＿＿負責。

（五）副總年薪的考核

每年初總經理將年度經營任務和目標分解到副總，協商確定各自的工作任務和目標，考核由總經理負責，＿＿＿負責監督審核。

（一）適用範圍

職位效益薪資制的適用範圍，包括除實行年薪制、計件薪資制與抽成薪資制以外的所有員工。

（二）薪酬結構

職位效益薪資制的薪酬結構為：職位薪資＋獎金＋附加薪資。

（三）職位效益薪資的發放

職位效益薪資分為三部分發放：月度固定發放部分、月度浮動發放部分和年度浮動發放部分。不同職位各部分的發放比例。

（四）月度浮動職位薪資的確定

月度浮動職位薪資，依據企業月度綜合效益和員工月度考核結果確定，按月度發放。其計算公式為：

月度浮動職位薪資＝月度浮動職位薪資基數×企業月度效益調整係數×部門月度考核係數×個人月度考核係數

其中：

職能部門的企業月度效益調整係數為：本月實現GOP值/計劃實現GOP值；

業務部門的企業月度效益調整係數為：1。

（五）年度浮動職位薪資的確定

依據企業年度綜合效益和員工的年度考核結果確定，年底一次性發放。其計算公式為：

年度浮動職位薪資＝年度浮動職位薪資基數×企業年度效益調整係數×個人年度考核係數

其中：

企業年度效益調整係數＝年度實際實現GOP值/年度計劃實現GOP值

（一）適用範圍

銷售抽成薪資制的適用範圍是：公關銷售部（宴會銷售部）區銷售員。

（二）薪酬結構

銷售抽成薪資制的薪酬結構為：固定薪資＋銷售抽成＋附加薪資＋獎金。

其中：

固定薪資＝職位薪資×50%

（三）公關銷售部區銷售員銷售抽成的確定

公關營銷部區銷售員月銷售抽成＝區係數×（Σ某類客源抽成係數×某類銷售收入＋Σ客房價差價×銷售客房數×抽成比例）×月度考核係數。

其中：

客房價差價＝（實際客房價折扣率－標準折扣率）×標準房價。

區係數、客源抽成係數、標準折扣率、實際折扣率低限、抽成比例由＿＿＿部根據銷售情況確定一個固定數，每半年調整一次。區係數分類；客源抽成係數、標準折扣率、實際折扣率低限分類，抽成比例暫定為30％。

（四）前廳接待員薪資體系

1．前廳接待員的薪酬結構

前廳接待員的薪酬結構屬於職位績效薪資制加抽成的混合型薪資體系。其薪酬結構為：職位薪資＋銷售抽成＋附加薪資＋獎金。

2．前廳接待員銷售抽成

前廳接待員銷售抽成按如下公式計算確定：

前臺接待月月銷售抽成＝Σ（房價差價×銷售散客客房數×抽成比例）

其中：

房價差價＝（實際房價折扣率－標準折扣率）×標準房價

標準折扣率、實際抽成率低限、抽成比例由＿＿＿部根據銷售情況確定一個固定數，每半年調整一次。標準折扣率、實際折扣率低限分類。

（一）適用範圍

計件薪資制的適用範圍是粗加工職位。

（二）薪酬結構

計件薪資制的薪酬結構為：職位薪資+計件抽成+附加薪資+獎金。

（一）適用範圍

協議薪資制的適用範圍，是企業急需的專業性強、人才稀缺的職位或由高層管理委員會審議決定實行協議薪資的具體職位。

（二）薪資結構

協議薪資制的薪資結構為：協議薪資+附加薪資。

1．協議薪資的發放及標準

協議薪資的發放由直接上級提出建議；協議薪資標準，由企業人力資源部門根據外部人才市場狀況和企業經營狀況提出初步建議，經高層管理委員會批准。協議薪資以市場價格為基礎，由雙方談判確定，每月固定發放。

2．附加薪資

協議薪資制員工，與企業其他員工享有同等待遇。

協議薪資制員工管理。

①協議薪資制員工與企業之間簽訂書面協議，明確規定薪酬標準、發放方式和工作內容，以及責任和義務等。

②協議薪資原則上1年協商一次，根據員工工作業績、外部人才市場狀況和企業經營狀況進行調整。

③實行協議薪資制的員工若不能達到協議要求，其薪酬將按照企業相應薪酬制度執行。

（一）新員工試用期的薪酬標準

①新進員工試用期間，按擬聘職位對應職位薪資的80%發放；試用期間享有附加薪資，不參與考核。

②大專科院校畢業生實習期間的薪資待遇：

大專生試用期薪資為＿＿＿元/月，享有附加薪資。

本科生試用期薪資為＿＿＿元/月，享有附加薪資。

碩士生試用期薪資為＿＿＿元/月，享有附加薪資。

（二）外包培訓人員的薪資標準

外包培訓人員薪資在培訓期間僅發職位薪資的50%和附加薪資，不參與考核，培訓期間的年終效益獎按月扣除。

（三）離職員工的相關薪資政策

①被開除的員工薪資。開除後取消所有剩餘薪資、福利和年終獎。

②辭職。自動辭職的員工，沒有給企業造成較大損失或影響的，享有年終效益獎（按月計算），取消相應的年度浮動職位薪資。

③裁員。企業因業務發生變化或其他原因導致裁員時，離職員工除享有相應的年終效益獎和年度浮動職位薪資外，加發1個月的職位浮動薪資。

④升降職和平調員工的薪酬計算。員工職位發生調整的，年終效益獎分時間段計算（以月為單位）；實行職位效益制的員工，若

職位變動後仍實行職位效益薪資制，年度浮動職位薪資分時間段計算，若職位變動後實行其他薪資制度，年終職位浮動薪資僅計算原任職時間段的浮動薪資（部門考核係數和個人考核係數均按1計算）。

（四）病事假扣發薪資規定

按企業有關考勤規定執行。

（五）在職員工薪資發放

由於考核的需要，在職員工的當月薪資，於下月15日發放。

（一）本制度所未規定的事項，按企業原有關規定執行。未盡事宜由人力資源部負責解釋。

（二）本制度自__月__日起試行，__月__日正式執行。

（三）本制度的修改由人力資源部負責，報高層管理委員會審批後執行。

【熱點討論】

薪酬制度應該保密還是公開？

實行保密薪酬制還是公開薪酬制，是一個管理者頭疼已久的問題。保密薪酬制，要求企業員工之間及企業對外均實行收入保密的做法。一方面，這種制度客觀上避免了員工之間的相互比較，減少因分配不均而可能產生的矛盾。另一方面，因為絕對的保密是不可能的，所以這種「背靠背」的做法也在一定程度上助長了員工間的相互猜忌；同時，由於員工難以判斷報酬與績效之間的關係，不瞭解自身對企業貢獻價值的大小，薪酬的激勵效果會因此而受到制約。

那麼，公開發放薪酬是否就一定能增加企業管理的透明度，造成公平激勵的作用呢？業內人士將薪酬透明的問題總結為薪酬政策的透明、薪酬管理操作的透明及相關訊息傳遞的透明。運用經濟學和心理學理論來分析，薪酬的公開透明實現了訊息的對稱性，能使員工瞭解到目標的期望值，並據此對自己的行為做出調整的決策。但由於在認知上常常會出現「低估他人，高估自己」的現象，所以公開發放薪酬無法避免主觀上的不公平感，一旦由此引發衝突，可能更加棘手。

薪酬管理，應該說是一門藝術，而不是非此即彼的單選題。所以，在選擇薪酬發放是保密還是公開時，應當著眼於兩種方式的特點和激勵效果，結合企業的工作性質、人員構成、管理傳統等因素來決定。比如，聯想實行的是祕薪制，但在具體運行時，卻兼顧了保密和公開兩種方式的優點。每個人的薪酬水平是保密的，但薪酬結構及薪酬計算方式的規定卻向每個「聯想人」公開，同時評估考核工具也是先進、可信的。也就是說，我們看到聯想的祕薪制能發揮公平和激勵的雙重功效，其實是以向下看兩級的管理制度為保障，憑藉誠信、公平的企業文化作支撐的。這正如國務院發展研究中心有關人士所指出的：「工薪保密原則是一把『雙刃劍』，要想其真正發揮作用，必須明確一個前提，即公司治理結構一定要相對健全。」

您對保密薪酬制和公開薪酬制的看法如何？

第八講 避免出現「鐵打的營流水的兵」

一、為什麼員工不願「從一而終」

　　市場經濟條件下，服務性很強的餐飲企業的競爭愈演愈烈。其中，人力資源的競爭已經成為其是否能夠生存與發展的重要組成部分之一。但是，行業中高素質人才的流失問題卻比較普遍，對企業造成諸多的不利影響。那麼，為什麼會經常出現員工離職的現象呢？

（一）員工離職的原因分析

1．外在原因──到底以什麼留住我

　　從餐飲企業的角度講，某些企業自身存在的問題主要表現在以下幾點：一是採用傳統的、靜態的單一職能人事管理不適應行業的新變化；二是決策層用人觀念陳舊，只用人，不育人，把員工看做是一種成本而不是資源或無形資產；三是缺乏具有吸引力的運轉機制，在薪資制度、晉升等方面沒有採取有效的激勵機制；四是提供的薪酬屬於較低水平，在行業內不具競爭優勢。

2．內在原因──沒有單方面的忠誠

　　從員工的角度講，員工對工作的心理狀態發生較大變化，主要表現在以下幾點：一是對待工作本身的態度不端正，更多的是臨時性、打短工的觀念；二是認為工作繁重、單一，晉升管道狹窄，缺

乏挑戰性；三是更加注重收益速度，期待付出勞動後馬上就有高回報；四是對薪金待遇不滿，覺得自己缺乏有效的保障；五是對企業缺乏認同感、歸屬感和成就感。

（二）員工離職的內在原因調查

許多專家和權威機構就人才流失的問題進行了細緻而透澈的分析。除瞭解員工離職的外在原因外，重點應是對員工離職的內在心理因素加以分析研究，這對於管理層全面認識員工離職的真正原因，防止企業人才流失具有重要意義。透過調查發現，以下10種離職原因比較普遍（按照調查比例排序）。

①想要嘗試新工作。

②對薪水不滿意。

③認為學習成長環境不夠好。

④感到現有工作與期望值落差太大。

⑤出現更好的升遷機會。

⑥工作意見與上級有分歧。

⑦認為現有工作過於單調。

⑧個人需要暫時調整和休息。

⑨對福利待遇不滿意。

⑩對企業理念不認同。

二、讓我知道「你在想什麼」

人才流失對企業而言是重大損失，故員工的心理問題越來越受到企業的重視。作為人力資源管理層，我們必須清醒地認識到改革開放30年後的今天，員工的心理到底發生了哪些變化、出現了哪些問題。

（一）快節奏帶來的「心」變化

隨著市場競爭日益激烈，人們生活和工作節奏加快，各方面的壓力加重。從事餐飲業的絕大部分員工都比較年輕，獨生子女增多，面對沉重的工作壓力，容易出現心理緊張、挫折感、痛苦、自責、喪失信心等不良心理狀態。這些心理狀態往往會導致員工做事缺乏耐心、遇事做出錯誤判斷、不能正確對待批評，甚至會影響到工作表現，最終影響公司效益。

（二）常見的員工心理問題

1．注重眼下薪水待遇，不看長遠發展

幾乎全部的員工都希望能夠得到更高的薪酬。員工希望得到較高的薪資待遇無可非議，卻對市場的就業壓力卻缺乏詳盡的瞭解；普遍帶有偏高的期望值，對不能客觀評價自身的能力和貢獻，進而產生「受到了不公正待遇」的心理障礙，導致心理的不平衡。如果員工過度地用金錢來衡量自己的付出，便無法全身心地投入到工作之中，僅僅是把工作當成一種謀生的手段，而不是當成有所作為的事業，並因此看不到所在企業的長遠發展，其選擇離職也就不足為怪了。

2．夢幻成功捷徑，不重視能力和基礎的培養

許多員工熱衷於所謂的「潛規則」和捷徑。特別是剛剛進入企

業不久的新員工，對於工作往往抱有不切實際的期待，當升遷的過程過於緩慢，薪資的增長幅度也沒有達到個人期望的水平時，心理素質不成熟的員工便會考慮將工作重點放在尋找捷徑上。例如，過分表現個人的個性和魅力，注重工作表演和工作小竅門，而忽視工作能力的提高。在耗費過多精力在工作捷徑上又得不到回報時，便可能會考慮離職，繼續尋找並不存在的晉升快速通道。

3．習慣以自我為中心，忽視團隊合作

餐飲業對於團隊合作的要求要高於一般行業。許多離職的員工都不承認缺乏團隊精神，但多數離職人員只把團隊精神當做口號，實際行動卻相去甚遠。在工作過程中，只希望他人都能夠發揚團隊精神，而自己卻不願成為為團隊多做貢獻的一分子，團隊工作成為抬高自己、貶低他人的手段，總在乎自己是不是比別人幹得多了、回報少了。當這種自我表現受到團隊的抵制和排斥時，員工就會選擇離職。

4．思想上安於現狀、不求進取，牴觸新知識、新技能

社會在不斷的進步和發展，餐飲業同樣需要學習進步。隨著訊息技術的不斷發展，餐飲業對員工的要求，不僅是要「端好盤子、倒好水」，而是對電腦技術和外語水平也有了進一步的要求。有些員工對於新知識、新技能、新理念有著恐懼心理，尤其是文化基礎差、工作時間長的員工牴觸心理更加明顯，偶爾有進修和提高的念頭，又懶於付諸行動，越拖年齡越大，惰性越強，最終只能導致被企業淘汰。

5．判斷失誤，對於離職後的發展盲目樂觀

相當一部分員工的離職，是由於他們認為今後會有更好的發展。許多離職員工不但有著不切實際的薪資期望，對於自己的能力和工作貢獻也評估過高，而且還錯誤地判斷整個社會的就業情況和

報酬水平。另外，許多離職員工並未對將去赴任的行業和公司的經濟與財務狀況進行客觀評估，當發現問題時方知，已將自己逼上了絕境。

（三）心理問題產生的原因分析

餐飲業員工不但需要擁有健康的體魄、良好的教育，以及分析問題和解決問題的素質和能力，而且應該具有健康的心理。在員工成長的過程中，家庭教育的缺陷、教育體制的不健全等因素都可能是引起員工心理問題的罪魁禍首。員工有一定心理問題是非常正常的事情。管理者對員工的各種心理問題應有清醒的認識，分析員工產生心理問題的原因所在，並加以有效的引導，以避免過多的員工離職給企業帶來衝擊和損失。

1．壓力

人們在外部環境轉變的過程中，會出現心理緊張和不安。在新員工進入企業初期會有類似的心理反應。他們普遍具有幹好工作的良好願望，但又過分注重別人對自己的看法，對自己的工作過分地追求完美，往往每時每刻都在較大的壓力中工作，長期受到外部就業難和內部工作難的雙重壓力，極易出現各種各樣的「併發症」。

2．教育

現代學校教育仍是以應試教育方式為主，而非完全的素質教育。學生在校學習期間自然會將追求分數作為終極目標，因此，學校對於提高素質能力的要求常常被許多學生所忽視。到企業工作後，許多員工不能對於自身的目標重新調整，習慣性地將快速的薪資提升和職位晉級作為首要目標，而提高工作能力只作為次要目標，甚至不作為目標。

3．經歷

餐飲業員工普遍比較年輕，社會經歷和閱歷有限，產生的許多心理問題大都是由於社會知識短缺和社交能力低下所致。在心理不穩定期，他們對於他人的意見、社會基本行為規範、社會價值觀的客觀瞭解和認識不足，因而也不容易從各種心理問題中自我解脫出來。

4．性格

由於不同的成長過程和家庭背景，形成了員工不同的性格特點。良好的個性可以使員工具有穩定的情緒、積極的工作態度、強烈的求知慾望和成熟的思維邏輯，但個別員工過分聽任自己的個性，誇大個人的能力，情緒起伏較大、思路狹窄，缺少團隊精神。

三、解決問題的關鍵在於「對症下藥」

正確認識員工出現的各種問題，並根據具體情況對員工進行針對性教育和引導，對於企業的發展是十分重要的，這既包括制度建設，如完善企業的各種培訓和獎懲制度等，也包括解決一般員工難以自我認識的許多自身心理問題。

（一）職前培訓

新員工的可塑性一般較強，企業須透過職前培訓有針對性地向員工灌輸企業的經營目標、宗旨及經營哲學、企業精神、企業作風和企業道德等，組織新員工學習企業的一系列規章制度及相應的業務制度和行為規範。

另外，進行擴展性的技能培訓也是十分必要的。如，採取職位培訓教育、專題討論培訓、員工進修計劃、案例分析等方式方法。其中，訊息技術的學習和外語進修也應成為重點的培訓內容。

（二）社會實踐

企業有必要向員工提供一定的社會化教育，樹立正確的基本社會觀念，也可考慮展開有經驗的老員工「傳、幫、帶」活動，以利新員工度過心理不穩定期。同時，還應當提供適當機會，讓員工走出部門，透過一些宣傳、參觀和進修活動等提升新員工的社會經驗。

（三）文化建設

企業文化是企業的靈魂，是企業生存和發展的原動力，是區別於競爭對手的最根本的標示。企業文化建設對於員工心理具有強大影響力。它可以成為組織中多數成員所共同遵循的基本信念、價值標準和行為規範。在創建企業文化過程中，應以塑造企業精神為主體，兼顧企業目標、企業哲學、企業道德和企業風氣的形成。只有企業尊重、愛護員工，員工才能關愛顧客；只有在企業內部形成互相幫助、互相尊重、互相體諒、互相配合、齊心協力、敬業競先的文化氛圍，才能充分挖掘員工的工作潛能。

（四）獎懲制度

餐飲企業需要採取具有吸引力的運轉機制，尤其要在薪資制度等方面採取有效的激勵機制。論資排輩的分配製度會使那些勞動強

度大、工作任務重、工作責任大、品質要求高的一線員工積極性受挫。新員工入店的工作期限越來越短，餐飲企業有限的管理職位，在一定程度上限制了那些具有較高學歷且有一定專長員工的個人發展，使他們感到前途渺茫，一旦遇有薪資待遇、升遷發展優於現在的機會，就會選擇跳槽。

（五）薪酬制度

企業須制訂公平競爭、具有挑戰性的薪酬制度。首先，員工薪資應該高於行業平均水平。在獎勵計劃上，企業須依據自身經營業績做出決定，儘量減少向上級部門申報批准的程序，儘量爭取對獎金與薪酬制度的自主決策權。其次，企業須建立有效的考核與激勵機制，制訂有效的、公平合理的業績考核制度並對所有員工進行考核，以獎為主、以懲為輔，獎懲要及時，結果要反饋。再次，是合理評估員工的工作業績。管理人員應該根據年度考核結果，而不是根據某一次考核結果評估員工工作業績。獎金並不是唯一的激勵形式，精神鼓勵、發展前途、必要的職權、培訓機會等同樣重要。

（六）升遷制度

當餐飲企業職位發生空缺時，應該在內部進行公開招聘補充，店內無法補充時再考慮從店外招聘補充。這樣，可以調動員工的積極性，讓其樹立只要好好幹就有提升機會的觀念。企業可為每個職位設立幾個不同的等級，優秀的服務人員可透過晉升職位級別來增加薪資，而又不必脫離服務第一線。

四、讓「難留易流」更合理

在市場經濟條件下，一定比例的人員流動是正常的。企業在選擇人才時，人才也正在選擇企業，當雙方的需求出現不平衡時，就會有人員流動。一方面，現在餐飲業的收入優勢已經不再明顯，出於行業實踐性較強，新人進入後必須要從基層幹起，工作強度大，使得餐飲企業人才招聘越來越難；另一方面，餐飲業獨特的環境為人才的成長提供了得天獨厚的條件，餐飲業出來的人才轉做其他服務行業，也容易進入角色，更容易向外流失。我們要做的不是阻止人才流動，而是如何讓人才的流動更加合理。

（一）正確對待「員工辭職」

1 · 要主動適應人才流動

在市場經濟條件下，人才流動是絕對的。據瞭解，近年來餐飲企業員工流動比較頻繁，有的企業員工流動率甚至超過40%。這無疑對企業的正常經營運轉帶來不小的影響。面對這樣的現實狀況，怨天尤人不如積極應對。所以，當我們發覺找不到任何留住某些特定員工的辦法時，就要學會去適應形勢。通常，此時尋找合適的外部資源無疑就成了第一選擇。當市場上有現成的人力資源供給時，我們會發現人才流動並非是一件很可怕的事情。

所以，餐飲企業除須花精力盡力留住老員工外，也應該花相當一部分精力來招聘新員工。如果真是所有的員工都不願流動，恐怕企業遇到的挑戰就會更大。當然，在看待人才流動時，我們也不能單純地看企業走了多少人，而更要看流走的人是不是企業想要留住的人，以及是否能夠在內部或外部人才市場上找到替代的人。

2 · 要做好平時的準備性工作

任何員工的流動都是有原因的，而其中相當一部分是因為企業平時關注太少的結果。為防止員工突然辭職給企業帶來意想不到的

損失，平時就要多做一些準備性的工作。

　　首先，要進行一些人才儲備，即在每位資深儲備員工（包括管理者）的背後都備有一位替代性的人才。這些人才可以由資深儲備員工推薦，並由資深儲備員工負責培養。對後備人才的培養成效可以納入餐飲企業對資深儲備員工，特別是管理人員的考核內容之一。

　　其次，要加強員工之間的溝通。溝通是生活的重要組成部分，據分析，人類除了睡覺，70%的時間都是用在人際溝通上。而據調查，「溝通不好」也是現在員工跳槽的主要原因之一。所以，企業平時要注意建立暢通的溝通管道，創造足夠的溝通機會，以加強溝通，在企業內建立一種良好的人際關係。事實證明，和諧的人際環境、向上的團隊精神對企業留住員工大有幫助。

　　再次，透過培訓增強企業對員工的吸引力。培訓是現代社會促進個人成長和企業發展的重要手段，因此，制訂完善的培訓體系，經常性地展開多樣化的培訓項目對餐飲企業留人也是必不可少的。試想，如果一個渴望發展的員工在企業幾年內都沒有得到培訓的機會，企業能留得住他嗎？美國國際數據公司有一項最新調查顯示：如果企業缺少培訓機會，44%的員工會選擇在一年之內更換工作。

　　3．要最大限度地發揮員工的潛能

　　但凡成功人士都是那些水平中上，但卻非常勤奮的人。儘管餐飲企業一般情況下很難招到頂級人才，但是我們要為招來的人才提供發展的機會，讓他們在工作中不斷造就自己成為頂級人才。這樣，他們就會更加忠誠於企業，為企業留人打下良好的基礎。

　　要制訂適度偏高的工作目標，激發員工潛力。如果員工在職位上工作起來游刃有餘，自然就會產生非常滿足或沾沾自喜的心理。這在無形中會無情地扼殺員工追求更高目標的意志，使員工變得平

庸、安分守己。這就需要使員工始終處於一種不斷進取，努力達到工作要求的動態變化之中，同時也在不斷地提升著自己。「適度偏高」形成的工作挑戰性，會使員工覺得自己受到器重，從而更投入，也更加忠誠於企業。當然，「適度偏高」要掌握好一個「度」的問題，如果過高，容易使員工產生巨大的工作壓力，不僅工作要求完不成，還會使員工有很強的挫敗感，從而極大地打擊他們的工作熱情，影響餐飲企業的服務品質和整體效益。

（二）企業與員工「相互忠誠」

優秀員工流動的根本原因，在於沒有建立優秀員工與餐飲企業的相互忠誠關係。一方面，員工並不忠誠於某一餐飲企業，而是忠誠於其他方面的利益，且常因這些利益而在餐飲企業之間「跳槽」；另一方面，餐飲企業也不忠誠於員工，沒有創造出一個有利於員工忠誠於企業的環境，經營困難時想的不是怎樣同舟共濟，而首先考慮的是裁員，使員工普遍無法建立對企業的信任。這兩方面共同作用的結果，必然是餐飲企業與員工之間缺乏相互忠誠，進而導致優質員工流動率的增高。事實上，要員工對企業忠誠，企業首先要對員工忠誠；員工對企業的不忠誠，往往是由於企業首先對員工的不忠誠所引起。要從根本上留住優秀員工，必須根據相互忠誠模式，建立企業與員工的相互忠誠關係，實現企業與優秀員工雙贏的局面。

1・「相互忠誠」模式

美國著名管理學家西蒙（Tony Simon）和恩茲用序數效應的方法讓香港12家飯店的278名員工對柯維奇的「十因素」進行排隊，發現企業對員工的忠誠感排在第二位。

相互忠誠模式是透過企業與優秀員工建立相互忠誠關係，從而

吸引並留住優秀員工。「讓企業與員工始終處於蜜月狀態」是對相互忠誠關係的一種形象描述。相互忠誠模式下，企業與員工互為忠誠顧客。優秀員工向企業出售其勞動力；而企業方面向優秀員工「出售」管理等方面的「服務」。企業方面採取各種措施不斷滿足優秀員工的不同需要，使優秀員工認為只有在本企業才能最好地實現自我價值，取得事業成功。優秀員工不斷提高其服務技能，增強服務意識，使企業認為只有留下這批優秀員工才能保證服務品質的提高、營業收入的增長與贏利水平的不斷上升。雙方均認識到建立相互忠誠關係是共同需要。在建立相互忠誠關係過程中，企業對優秀員工忠誠更為重要。只有企業首先對優秀員工忠誠，才能使優秀員工對企業忠誠。反之，即使優秀員工對企業忠誠，也會由於企業方面的原因而使得忠誠度衰減，最終導致優秀員工的流失。建立企業與優秀員工的相互忠誠關係，是吸引並留住優秀員工的根本途徑，也是企業發展的必經之路。

2．餐飲企業忠誠於員工的等級劃分

（1）以員工的身體條件等外在因素為核心。這種形式最不穩定。只要優秀員工「人老珠黃」或有更為「容貌俱佳」的員工，餐飲企業即會「拋棄」該優秀員工。

（2）以員工能帶來的物質利益為核心。這種形式很不穩定。一旦有員工能為餐飲企業帶來更多的物質利益，企業就不會再忠誠於該優秀員工而導致優秀員工的流動。

（3）以員工的服務技能與服務意識為核心。這種形式較為穩定。因為優秀員工的服務技能與服務意識形成需要有一個長期的過程，是較難在短期內達到並超過的。

（4）以員工的綜合素質為核心。它不僅包括對優秀員工的服務技能與服務意識的忠誠，而且包括對優秀員工綜合素質及其發展前景的忠誠。這種形式最為穩定。

3．員工忠誠於餐飲企業的等級劃分

（1）以餐飲企業能滿足其專業發展需要為核心。這種形式最不穩定。因為其他很多餐飲企業也可提供其同等的甚至更好的專業發展機會。

（2）以主管等管理人員為核心。這種形式較不穩定。因為如果管理人員「跳槽」會引起該企業優秀員工同步「跳槽」；顧客也會隨之「跳槽」，在短期內難以恢復。

（3）以餐飲企業老闆為核心。這種形式較為穩定。因為餐飲企業老闆較少變動。然而，一旦餐飲企業老闆發生變動，優秀員工就會大量甚至幾乎全部流失，危害極大。

（4）以餐飲企業為核心。這種形式最為穩定，因為優秀員工已與餐飲企業融為一體，建立了生死與共的密切關係。

不管是餐飲企業對員工忠誠還是員工對餐飲企業忠誠，都應該完成從第（1）級到第（4）級的飛躍，以建立相互間最為牢固的忠誠關係。一方面，員工需要感到自己被重視，需要經常被提醒他們在餐飲企業中的重要作用，使其瞭解企業的內部運作，加強雙向溝通，提高優秀員工榮譽感的層次。另一方面，有效地將優秀員工的個人目標與餐飲企業經營目標相統一，建立或進一步鞏固企業與優秀員工的相互忠誠關係。

（三）為企業「內部流動」創造條件

當一個人做某項工作時間久了，就容易麻木僵化，看什麼都習以為常，反應也會越來越遲鈍，到最後甚至會產生厭煩情緒，當然也就談不上工作動力了。作為勞動密集型行業，餐飲企業的職位較多，因此，餐飲企業人力資源管理人員，要改變那種讓員工長期在

一個職位上工作的舊觀念，要創造條件，為員工在企業內部跨職位、跨部門工作和發展提供機會。

經歷是一種財富，內部「跳槽」將有利於提高員工綜合素質和留住員工，同時對餐飲企業改善各部門之間的溝通與協調，提高其整體效益也是一劑不錯的良方。現在不少餐飲企業都有輪職培訓的項目，但還要加大力度，增強計劃性和針對性，以使這種培訓在留人方面發揮更大的作用。

【熱點討論】

企業為何流失人？如何才能留住人？

某A企業成立幾年後，業務發展良好，銷售量逐年上升。每到銷售旺季，公司就會到人才市場大批招聘銷售人員，一旦到了銷售淡季，公司又會大量裁減銷售人員。為此，A企業銷售經理曾給總經理提過幾次意見，而總經理卻說，「中國的人力資源豐富，只要我們薪資待遇高，還怕找不到人嗎？一年四季『養』很多人，反而是大大的浪費。」就這樣，A企業的銷售人員流動性很大，包括一些銷售資深員工也紛紛跳槽。總經理雖然對銷售資深員工極力挽留，但效果不明顯。對此，他也不以為然，仍照慣例派人到人才市場中去招人來填補空缺。終於，在2005年銷售旺季時，在公司幹了多年的銷售經理和大部分銷售人員集體辭職，致使銷售工作幾近癱瘓。

這時，總經理因為知道人才市場未必能夠找到有經驗的銷售人才和管理人才，因此開出極具誘惑力的年薪，希望銷售經理和一些銷售資深員工能重新回來。然而，這不菲的年薪，依然沒能召回這批老部下。

如此高薪，銷售經理及其資深員工為什麼還會拒絕？企業靠什麼才能留住人才呢？

21世紀是一個溝通的世紀。我們生活的各方面都離不開溝通。說到「溝通」這個詞，表面上很容易理解，但實際上「溝通」有著不為大多數人所感知和領悟的一面。比如說，當某人給下屬布置任務或是向上司匯報工作時，抑或與其他部門員工或經理進行工作協調時，甚至下班後與家人相處時，其是否在與他人進行溝通呢？要正確的回答這個問題，我們首先得去揭開「溝通」的神秘面紗。

【專家視點】

　　溝通不是萬能，沒有溝通卻是萬萬不能。

第九講 溝通是必需的，也是可能的

一、什麼是溝通

英文的溝通是communication，詞根源自拉丁語common，意為「共同、共有」。所以，從這個層面上理解，溝通首先要由溝通雙方來共同完成，而且還要共同分享一些訊息。但只是這樣簡單地描述和理解溝通的含義還不夠貼切，那麼我們就來共同分享一個官方版本的「溝通」定義。

溝通，是發送者憑藉一定的管道（亦稱媒介或通道）將訊息發送給既定的對象（接受者或接收者）並尋求反饋，以達到相互理解的過程。

這個定義完整、準確地詮釋了溝通的含義。首先，溝通有幾個必備要素：訊息、管道、發送者、接收者。這些是完成溝通所必須具備的條件。其次，訊息發送者必須把想要發送的訊息整理、分解後，傳送給接收者，但僅僅傳送出去並不能形成溝通，要想達到溝通的效果，必須具備一個重要前提，即接收者能夠準確理解發送者發出的訊息，並能將自己的感知反饋給訊息的發送者。

① 引自《溝通技巧》，李曉著，航空工業出版社。

這樣表達如果還是稍顯晦澀的話，我們再用民間版本加以解釋。當某人給下屬布置任務或是向上司匯報工作時、抑或與其他部門的經理、主管或員工協調工作時，其必須首先考慮應採用怎樣的方法、透過什麼樣的方式，將自己想要表達的意思清晰、明白、快

速地傳遞給對方，而且直到對方明確表示「我明白您的意思了」的時候，恭喜您！您完成了一次溝通活動。

由此可以總結出溝通的如下特點：

（一）溝通首先是訊息的傳遞

如果訊息沒有傳遞出去，則意味著溝通沒有發生。如果您根本就不肯告訴您的下屬他應該做哪些工作，那麼就不要責怪他沒有按照您的意思去做，因為你們之間根本沒有發生過溝通。

（二）溝通訊息須傳遞到位並被對方理解

一次有效的溝通，要求訊息經過傳遞後，接收者感知到的訊息應與發送者發出的訊息完全一致，且對方要完全理解溝通者所要表達的意思。但這裡須特別強調，有效的溝通並不是溝通雙方一定要達成一致意見，而是接收者能夠準確地理解訊息的含義即可。就像召開一個學術研討會一樣，闡述者只要把自己的學術觀點陳述清楚，讓參加會議人員明白自己的觀點和主張即可。這樣就完成了一次有效的溝通。溝通並不一定是要其他人改變自己的觀點或贊同闡述者的觀點才是有效的。

（三）溝通是一個雙向、互動的反饋和理解過程

溝通的目的不是行為本身，而在於行為所導致的結果。如果接收者對訊息發送者並未做出反饋，那麼，便是溝通是失敗。

如果某管理者向下屬發出訊息：「小王，你今天下午做布置，快去吧。」很可能小王下午的工作會做得一團糟。因為小王是新員

工，對「布置」這項工作並不熟悉，由於訊息發出者在傳達訊息過程中沒有給訊息接受者以反饋的機會，所以這是一次無效的溝通。如果訊息發出者這樣講，效果就會不同：「小王，今天下午安排你去做『布置』，如果你對這項工作有什麼疑問可以去找李主管，他會給予你幫助和指導，你看還有沒有其他什麼問題？」這時小王會高興地回答：「明白了經理，沒問題，謝謝您。」由於給了訊息接受者一次互動和反饋的機會，從而把溝通變得有效。

我們在日常生活中常見的溝通類型有：語言溝通和非語言溝通。介紹這個內容，主要是為了方便大家在溝透過程中採取適當的方式，以使溝通行為更加有效。

1．語言溝通

（1）口頭語言溝通。這是人與人之間最常見的語言溝通方式，也就是我們平常所說的交談。演講、正式的一對一討論或小組討論、非正式討論、傳聞或小道消息傳播也都屬於口頭語言訊息的溝通。

不難看出，口頭語言訊息溝通的優點很明顯：訊息可以被迅速傳遞，並可以獲得接收者的迅速反饋。缺點也很明顯：存在著訊息失真的可能性。如，眾所皆知，小道消息往往不可信，因為它在傳遞過程中會多次出現訊息量的增減，造成最終訊息與真實訊息的偏差。所以，大家不要太把小道消息當回事。管理者也應該注意對小道消息進行及時糾誤或闢謠，以免影響員工的正常工作。

（2）書面語言溝通。包括信函、報告、備忘錄等其他任何傳遞書面文字或符號的手段。飯店日常管理中各部門的規章制度、總經理辦公室下發的文件、工作備忘錄等都屬於書面語言的訊息溝通。其優點是：可以給人以非常直觀的、有形的印象，便於長期保存，可作為法律依據和規章制度，便於對有異議的訊息進行查詢，並易於複製和傳播。其缺點是：耗費的溝通時間長、訊息反饋速度

慢、接收者未必能理解訊息的真正含義。

因此，在日常工作中，一定要採取口頭語言溝通或書面語言溝通相結合的溝通方式。凡是規章制度、重要文件、會議記錄、工作計劃等一般採取書面語言溝通的方式，因為這樣便於將重要的訊息保存、複製，便於查證。但一般來說我們與他人溝通時最常用方式是口頭語言的溝通。

2·非語言溝通

非語言溝通，顧名思義就是透過某些媒介而不是講話或文字的方式來傳遞訊息。比如，一個人透過衣著打扮、舉止姿態、語速、音質、音量、節拍、停頓及清晰度等，以及透過無聲的目光、表情、手勢及身體的動態或靜態等傳遞給他人的訊息，都屬於非語言溝通的內容。

顯而易見，非語言溝通可以有效地輔助語言溝通，從而達到良好的溝通效果。因此，作為管理人員，不但要注意語言溝通，還要注意自己的語速、語調、衣著打扮、舉止姿態等非語言溝通因素，從而體現自己的職業素養，提升溝通效率。

二、怎樣克服溝通中的個人障礙

（一）溝通中的個人障礙

在日常生活中，人們總會遇到一些麻煩，產生一種「十有八九溝通不暢」的感覺。實際上這都是溝透過程中個人障礙惹的禍。那麼，我們在溝通中一般會遇到哪些障礙呢？

1·地位差異溝通障礙

一個需要管理者思考的問題：「您認為下級與上級好溝通，還是上級與下級好溝通？」我想大部分人應該會有同感：上級與下級比較好溝通。這就是為什麼很多員工都不願進上司辦公室的原因。由於管理者與員工在地位上的差異會給員工帶來很大的心理壓迫感，使員工一進上司的辦公室就會感到氣氛緊張，不敢輕易發表言論，怕說錯話得罪上司，更怕上司訓斥，因而往往顯得侷促甚至坐立不安。其實，這就是我們常說的由於「地位差異」所造成的心理溝通障礙。

　　要解決這個障礙並不是很困難。管理者如果注意到了「地位差異」可能造成的溝通障礙，那麼，就應該在與下屬進行溝通時多注意自己的表情、態度等非語言方式的運用，儘量給員工以和藹可親的感受。當下屬進入主管辦公室匯報工作時，主管們最好放下手頭的工作和電話，專心地聽下屬講完。這樣才能體現主管對員工的尊重。傾聽中還須適時地給員工一些言語上的鼓勵，如：「沒關係，大膽講。」「觀點不錯，請繼續。」更重要的，是在日常工作中有意識地創造一些與下屬相處的機會，注意拉近與下屬之間的心理距離和空間距離，對於飯店行業來講，走動式管理是一個很好的辦法。

2．遣詞晦澀溝通障礙

　　工作中您有沒有遇到過這樣的同事：小李是從正規旅遊院校畢業的大學生，具有不錯的專業理論水平。工作中，他經常會習慣性地在說中文的同時夾雜幾個英文單詞，並且非常喜歡使用專業術語。這樣的表達方式讓很多與其相處的同事覺得很不適應，以至於後來大家都不太喜歡和他說話了。

　　這就是我們常說的由於「過多使用晦澀詞語」而造成的溝通障礙。要想克服這種障礙對溝通帶來的不良影響，就要注意在溝通中運用語言的種類和表達方式須因人而異，「見什麼人說什麼話」。

專業特色較強部門的員工在與其他部門的員工交流時，應考慮對方的接受能力和知識水平，儘量避免使用過多專業詞彙，以免造成對方的感知障礙。再者，在溝通中過多地使用專業詞彙，易使人產生譁眾取寵、愛炫耀的印象，進而敬而遠之。

3．認知偏誤溝通障礙

我們經常會因認知偏誤而形成一些溝通障礙。比如，我們會錯誤地認為只要老家是河南地區的同事，人品都不太好；又如，畢業於211重點工程院校的同事只會紙上談兵，而沒有實際工作能力等。這些都屬於認知上的偏誤或偏見，也是溝通中常見的心理障礙。

要克服這個障礙，需要我們在日常的溝通中調整心態，真誠、公平地對待每一個人，對事不對人，不要讓偏見矇蔽了溝通的「眼睛」。

4．性格缺陷溝通障礙

某些人處事冷漠，不太好合作，工作協調起來比較困難。有的同事為一點小事就喜歡發牢騷、責怪他人，與其他同事之間關係比較緊張。這些都是影響溝通效果和工作效率的性格障礙。

（二）克服個人溝通障礙的技巧

面對以上種種障礙，怎樣才能最有效地去克服它們，使得溝通活動取得良好效果呢？我們說，最重要的是要調整自己的溝通態度。

1．謙虛謹慎

與人溝通，首先應該具備良好的溝通心態。誰都不會喜歡與一個自高自大的人溝通。所以我們在溝通中應該避免自高、自大、自

以為是的心理作怪。溝通講究「雙贏」，不能只想著自己，也要切身考慮對方的立場、心態和感受，這樣才能事半功倍。

　　2．關心他人

　　良好的溝通須從關心他人開始，要關心他人的感受、關心他人的問題與難處，處處給他人關懷。多為他人著想，就不會出現那些喜歡在工作中為難他人，故意給他人製造不便的現象。要想贏得他人的關心，首先要學會關心他人。

　　3．誠摯請教

　　當某項工作需要與他人配合時，首先應擺正自己的位置，主動詢問：「您需要我怎樣配合您的工作？」面對上司時須主動請教：「我還有哪些不足之處需要改進？」如果自己尚不具備這種素質，建議從今天開始引起重視，因為要想克服溝通障礙、順利完成溝通，需要從我做起樹立良好的溝通意識。不要總是等著別人來與自己溝通，而應主動出擊，主動將訊息提供給他人，主動去幫助他人。這樣才有助於與同事和上下級之間建立一個良好的人際氛圍，順利地完成與他人的溝通。

三、溝通從「心」開始

　　溝通需要我們用心去做、用心對待。在端正溝通態度的同時，還要掌握一定的溝通技巧才能讓我們的溝通更加有效。

　　社會生活中，我們經常可以看到如下現象：

　　李總退休了，本以為他能安享晚年，結果，他卻因為退休而大病了一場。原因只有一個──不適應。過去前呼後擁，而今門可羅雀。小王曾是自己一手培養起來的後繼人，可現在找他幫忙辦點事卻不大容易了......小姜本來在餐飲部工作，調到客房部後，再見

到餐飲部的上司卻不像以前那般熱情了。

可能有人會說這些人太勢利了，這樣對待老上司有點「過河拆橋」。但中國有句古話「一個巴掌拍不響」，那另一個「巴掌」是誰呢？我想應該是這些主管在位時，沒有與下屬進行有效的溝通，沒有掌握好與下屬溝通的技巧。

（一）與下屬溝通的技巧

只有學會尊重下屬的人，才會贏得下屬的尊重。

不想當將軍的士兵不是好士兵，不想當主管的員工也不是一個好員工。從進取心的角度理解這句話是有道理的。大部分人對於做主管都是有渴望的，當上主管也不是一個遙不可及的難題，但是要想真正當好主管，讓下屬真正的尊重您、配合您，就需要研究與下屬溝通的技巧了。不知您可曾問過下屬這樣一些問題：

「你喜歡我給你安排的這個工作嗎？」「你覺得我用到你的長處、發揮你的強項了嗎？」「將來如果有機會可以調動職位，你想做哪個職位的工作？」

如果您還沒有問過，建議您盡快把這項工作列入日程。不要小看了這幾個簡單的問題，它反映的是您對下屬的關愛與尊重，試問哪個部下會喜歡一個從不關心和尊重自己的上司呢？

1 · 為下屬提供有效解決問題的方法並監督其實施過程

作為一個上司，有責任幫助下屬，給他們工作上的指導，但管理者與下屬溝通時要注意，不要事必躬親，連芝麻綠豆的細節都要關照清楚。您需要做的只是提供給下屬一個正確的方向和方法，剩下的讓他自己去發揮和嘗試，然後在他施行的過程中加以監督和指導即可，這樣才有利於培養下屬獨立思考和解決問題的能力，才有

利於下屬的成長。不要讓下屬依賴您，並且產生惰性，到最後，他可能連餐巾折花都要您親自去教他。

2．不斷提高自身業務能力和知識水平

作為一個管理者，應該具備比下屬更高的職業素質。如果您以前一直在做客房部的經理，忽然間被調到了餐飲部任職，而您對餐飲方面的工作又不太精通，那麼，建議您在赴任之前多學習一些餐飲管理的知識，以提高自己的業務能力。同時，對餐飲部的工作要進行一定的瞭解，最起碼，應該熟知各職位的工作職責及員工在工作中會遇到哪些瓶頸問題，從而有能力指導下屬。如果您根本不瞭解這個部門的工作，就談不上以自己的素養服眾，哪個下屬會心甘情願地聽從您的調遣呢？更有甚者，還可能會經常落入下屬早已設計好的「陷阱」，讓您下不了臺。

3．接受下屬的可行性建議並為下屬創造展示才華的機會

當您步入管理者職位之初，一定會感激提拔自己的上司，認為這個上司對自己有「知遇之恩」。這是因為上司為下屬建起了一個展示自己才華的平臺。作為一個管理者，應該對下屬提出的有創意的方案或計劃給予支持，並在實施過程中給予必要的幫助。這樣您才能受到下屬發自內心的尊重與感激，因為您充分地尊重了下屬。切不可出語重傷、故意潑冷水、惡意占有，這樣只會讓下屬懷恨在心、伺機報復，更談不上贏得下屬的尊重與信任。主管的位子可能也就坐不長久了。

4．下達指令要意圖清晰、全面準確，能激發下屬的內在認同意願

作為管理者，很多時候是在做上傳下達的工作，怎樣才能讓「下達」工作更加有效，這就需要研究指令下達的溝通技巧了。

首先，您須指令內容和意圖清晰地表達出來。如：「小王，你

去做黃河廳的宴會包場服務。」這就不是一個完整清晰的表達，而換一種方式，如：「小王，由於宴會包場的工作人手緊缺，下週有個重要的接待活動，主管決定下週一至週二將你從零點餐廳借調到宴會包場進行服務，請你在下週一上午10：00之前到包場樓層找李主管。他會向你交代相關工作事宜，並對你的工作予以支持。」也就是說，您要向下屬傳達清楚這項工作由誰來做、為什麼這樣安排、什麼時間去做、工作地點在哪裡、需要做多久、怎樣去做……這樣下屬便會因十分清楚自己應該做什麼而不致慌亂，也不會對該項工作產生任何疑問，既節約了溝通時間，又完成了有效溝通。

其次，在下達命令時還須注意要用詞禮貌、態度和善。如果用詞隨意、態度強硬會讓下屬感到自己不受尊重，上司擺官架子，從心理上牴觸上司的安排和調遣。同時，要讓下屬明白安排這項工作的重要性，告知下屬其所做該項工作對整個企業或團隊的影響及重要性，提升下屬的工作責任感；下屬也會因上司將此項重要任務安排給自己，而感到是上司對自己的認可和信任，會更加用心地去完成工作。同時，要注意給下屬一定的自主權，讓他有個人發揮的空間，讓下屬及時匯報工作進度，針對出現的問題共同探討並及時提出對策。

做到了以上幾點，下屬不僅會覺得受到了上司的尊重，而且可以充分調動其積極性，認真努力地去完成上司下達的任務。

5．批評下屬時要用「糖衣藥片」，讓「良藥」不再「苦口」

人都喜歡被別人讚美，不太喜歡被人批評。作為管理者如果不注意批評下屬的方法，可能會招致下屬的反感。如何讓下屬心平氣和、心甘情願的接受上司的批評是我們要研究的溝通技巧，掌握這些技巧，有助於管理者與下屬搞好關係，有助於下屬的成長與進步，有助於今後管理工作的展開。

所謂「糖衣藥片」就是在批評下屬時要以真誠的讚美為開頭，

先肯定下屬的優點與長處，給下屬以尊重和自信。在尊重客觀事實的基礎上對他存在的問題進行指正，切記要做到對事不對人。在結束批評時不妨加上這樣一句話：「我相信透過這次的談話，你已經發現了自己在工作中存在的某些問題和不足。相信憑你的聰明才智，一定有能力解決好這些問題，不斷進步，今後一定會做得更好！」

結束語裡給下屬以尊重和鼓勵，下屬不但不會反感上司的批評，反而會受到鼓舞和激勵，積極改進，努力做出良好業績的同時一定會感謝上帝讓他遇到了一個好上司。

6．讚揚下屬也要講究技巧

一般來說，批評下屬需要講究技巧是怕傷害下屬的自尊心和自信，那麼，讚揚下屬也要講究技巧是為什麼呢？其實也是怕傷害下屬的自尊心和自信。如果您並不是真誠得要讚美您的下屬，或是讚美的優點其實您的下屬根本不具備，這樣的讚美給下屬自尊心帶來的傷害可能會遠遠大於批評對他的傷害。下屬也會覺得這個上司虛偽或是在故意挖苦諷刺他。因此，管理者在讚美下屬時態度一定要真誠。

如果您這樣讚美您的下屬：「小王，你不錯啊。」那麼您的讚美起不到激勵的作用，因為您沒有把讚美的內容講的儘量具體。您可以這樣讚美您的下屬：「小王，你很聰明，服務技能很不錯，微笑很甜美。」或者您還可以運用間接的讚美技巧，比如：「小王，最近有客人表揚你服務技能好，微笑很甜美，最近表現不錯，要繼續努力啊。」一個上司可以這樣稱讚他的下屬，表明這個上司很真誠，對下屬很瞭解，讚美的內容真實恰到好處，下屬自然會從這樣的讚美中獲得力量，更加努力完成工作。

同時，讚美要想造成更加完美的激勵作用還要注意場合的選取，如果企業為這一季度評選出的服務明星開一個表彰大會，在全

體員工的面前為他們頒獎，對獲獎員工不僅造成激勵作用，同時給未獲獎的員工樹立了工作榜樣，也對他們造成了鞭策和鼓舞的作用。

掌握好讚美下屬的技巧在給予下屬鼓勵的同時可以拉近與下屬的心靈距離，獲得下屬的尊重和信任，便於溝通活動的順利完成。

（二）與上司溝通的技巧

並不是每一個人都有下屬，但是基本每一個人都有上司。成為一個讓上司滿意的下屬，是實現與上司有效溝通的前提條件。想成為一個上司滿意的下屬，就要站在上司的角度考慮問題，遇事多問自己：「如果我是上司，我會怎麼處理這個問題。」不僅如此，還要多瞭解自己的上司。那麼您平時有沒有仔細觀察過您的上司呢？只有在日常工作中注意觀察自己上司的下屬才會找對與上司溝通的技巧。

1．針對不同上司採取不同的溝通方法

（1）控制型。此類上司有以下特點：態度強硬，充滿競爭的心態。希望下屬完全服從自己的命令，並嚴格執行。喜歡告訴下屬該怎麼做，不太喜歡聽下屬的反對意見。對待工作只注重結果，不注重過程。與此類上司溝通的技巧：

①嚴格地服從上司，充分尊重上司的權威。

②匯報工作時簡明扼要，不拖泥帶水。直接告知工作的進程和結果。此類主管不喜歡聽您講述遇到的困難，不喜歡聽您說解決不了，希望您能在職權範圍內順利的解決問題。

（2）互動型。此種類型上司的特點：善於交際，互動交流。喜歡別人當面讚美他，喜歡與下屬溝通交流討論問題，喜歡與下屬

在一個大辦公室裡一起辦公。親切和藹，喜歡幫助部下解決生活和工作中遇到的問題。與此類上司溝通的技巧：

①注意自己的穿著要得體，舉止要優雅，語言要禮貌。

②有問題和困難可以和上司溝通。

③有意見可以當面提出，他會樂意接受。切忌背後議論。

（3）實事求是型。此種類型上司的特點：呆板，做事講邏輯講步驟，不喜歡感情用事。價值觀固定，更注重細節，事無鉅細均要過問。應對方法：

①匯報工作時要儘量詳細，具體做了哪些工作，中間遇到過什麼困難，是如何解決的。

② 引自《有效溝通技巧》，柳青主講，北京大學出版社。

③與此類上司溝通時要省掉寒暄和閒話家常的時間，直接切入正題。少談私事，只談工作。

很多時候我們遇到的上司不僅僅是這幾種典型類型，還有可能是幾種類型的混合型，所以我們要在日常工作中多觀察、多總結，注意換位思考，才能自如應對各種不同類型的上司，為自己創造良好的溝通氛圍。

2．與上司溝通須選擇適當的時機

如果有好的建議、方案想向上司匯報，最好選擇在上司下班前的空檔時間或上司手頭暫時沒有工作的時間，儘量不要選擇召開例會或者午餐之前。開例會前上司要整理會議資料，進行會議的準備，沒空聽匯報；午餐前上司比較疲憊，饑腸轆轆，無心聽匯報。而選擇下班前的空檔時間比較合適。此時上司一天的工作安排已基本完成，工作壓力相對減輕，心情比較放鬆。這時匯報工作不容易引起上司的反感，上司也比較有精力去傾聽和思考。

匯報之前，還須注意徵求主管的意見，詢問清楚主管的時間安排。大多數人在徵詢上司時間安排時會犯如下錯誤：「×總，您現在有空嗎？」「現在不行，待會有個會議要參加。」「那×總請問您明天有空嗎？」「明天不行，明天要去出差。」「哦，那等您有空再說吧。」這樣一直拖下去，可能永遠都沒有機會向主管匯報。其實，如果這樣溝通效果可能會不同：「×總，您現在有空嗎？」「現在不行，待會兒有個會議要參加。」「那×總請問您明天有空嗎？」「明天不行，明天要去出差。」「×總，那下週一您有空嗎？」「下週一可能比較忙。」「×總，您看下週三您有時間嗎？剛才您的祕書告訴我您下週三下午有3個小時的時間空檔，不知道能不能耽誤您半個小時，我想把餐飲部工作改革的新思路向您匯報一下。」「那好吧，你下週三下午2：00到我辦公室來吧。」為什麼兩種方式效果會不一樣，因為你一定要把方案向上司匯報的真誠和決心被上司感受到了，我想沒有哪個上司會一直拒絕這麼認真的下屬。

3．向上司匯報須思路清晰、數據準確、內容具體而詳實

　　下屬向上司匯報計劃或方案時資訊和數據要有較強的說服力，不能太過籠統地泛泛而談。很多時候你鼓足勇氣敲開上司辦公室的門，雙手遞上自己的方案或策劃書，結果上司應一聲後就把它放入一堆文件中掩埋起來。這時你不要去埋怨自己的上司，因為你的上司實在太忙了，而要從自身找原因。問題只有一個，即你的陳述，沒有引起上司的興趣。

　　如果你這樣向上司匯報：「老總，這是我們餐飲部的節能方案，實施這個方案會為餐飲部節約10%的營運成本，人民幣約 x 萬元/年，如果將這樣的方案推廣到其他部門，可以為各部門節約5%～10%左右的營運成本，每年可為飯店節約 x 萬元。這是草案，請您過目。」上司很可能會讓你繼續陳述或者抽空審閱後再約你溝通

的。因為你的數據對上司來說具有吸引力和說服力，從而引起了上司對整個方案的興趣。

4．設想上司的質疑，提前準備好答案

當我們向上司匯報之前，一定要提前設想上司針對方案可能會提出的問題並準備好答案。這裡需要提醒大家注意的是：準備的答案要有兩個或兩個以上，切忌只給上司一個解決問題的方法。在陳述中不但要表述清楚每個方法的具體內容，更重要的是，要把解決同一問題不同方法的優缺點加以對比，以便於上司做出判斷和選擇。最後最好再加上一句：「老總，經過分析，我個人認為A方案更有效。」這樣，上司會覺得你善於思考和動腦，有自己的想法和見解，而不是機械地完成工作。

5．充分尊重上司，表述簡明扼要，重點突出

在向上司陳述自己的方案或建議時，須注意禮貌禮節和語言的規範準確，陳述要簡明扼要，切忌囉嗦、混亂，抓不住重點。掌握好語速、語調，根據上司的反應及時調整節奏，充分表現出對上司的尊重。

6．留出時間，向上司表示感謝

在陳述結束時不要忘記向上司表示感謝，感謝他抽出時間聽你的陳述，以表示對上司的尊敬。

7．主動向上司匯報你的工作進度

主動匯報可以讓上司對你的工作進度心中有數，可以及時對工作計畫進行調整。很多人往往會犯這樣的錯誤，不向上司匯報自己的工作進度，等上司問起來時才發現與進度不符，結果會使上司對你這個下屬產生工作散漫、態度不認真，缺乏工作能力的印象。

引自《有效溝通》，余世維著，機械工業出版社。

8 · 對上司有問必答

對於上司的提問，一定要做到有問必答，不僅如此，還要回答得簡潔、清晰。一方面表示你對上司的尊重；另一方面，會讓上司比較放心你的工作。

9 · 要不斷充實自己，提高自身的職業素養

每個上司都比較喜愛有才華的下屬，因為有才華的下屬可以在做好本職工作的同時，與上司站在一致的高度考慮問題和探討想法。所以，要想成為主管者，就要有主管者的知識水準和職業素養。

10 · 虛心接受上司的批評，「事不過三」

我們每個人在工作中都會犯錯，犯錯了就要接受批評。很多人面對上司對自己的批評時不能擺正心態，總是想解釋犯錯的理由，實際這是最容易招致上司反感的一種做法。上司會認為這個下屬在存心為自己開脫，推卸責任；這個人工作責任心和態度很成問題。所以，面對上司的批評要虛心接受，既然做錯了，就不要過分強調客觀理由，承認錯誤改正就好。

11 · 毫無怨言地接受任務

任何一個上司都不喜歡對工作安排推三阻四的下屬，會認為對待工作挑三挑選四的下屬沒有吃苦耐勞精神和職業素養，是極度自私的表現。那麼這樣的下屬也就永遠失去了被培養和鍛鍊的機會，職業生涯計劃也就無從實現。因此，只要在力所能及的範圍內，便應毫無怨言地接受上司安排的各項任務。只有在工作實踐中鍛鍊自己吃苦耐勞的奉獻精神，才能得到上司的認可和賞識。一個不願為自己飯店付出的員工，飯店也不會給他以任何回報。我們中國有句俗話說「吃虧是福」，大概就是這個含義吧。

引自《有效溝通》，余世維著，機械工業出版社。

12・不忙的時候主動幫助其他同事

在自己不忙的時候最好能幫忙其他同事做點什麼。這樣不僅有利於拉近自己與其他同事之間的關係，而且可博得上司的喜愛。因為每個人都喜愛樂於助人、善解人意的人。

13・主動向上司提出自己對工作的新思路、新見解

不要等待上司問你對工作有何想法或創意，而應主動地向上司匯報你的新思路、新見解，讓上司知道，這個下屬工作很積極、思維很活躍，很有想法。

（三）水平溝通技巧

水平溝通，主要是指公司職業經理之間的溝通，或者是同等級關係部門之間的溝通。大部分管理人員會有這樣的感受：與下屬溝通比與上司溝通容易、與上司溝通比與水平溝通要容易。也就是說在與上司溝通、下屬溝通和水平溝通活動中，水平溝通是最為困難的。水平溝通的效果直接影響組織整體目標的實現和組織效率。因此，管理人員有必要在水平溝通技巧的學習上下工夫。

1・主動尋求幫助與合作

很多管理者面對水平溝通總是唉聲嘆氣。因為大家都是職業經理人，相互之間不存在主管與被主管的關係，所以，協調一件事情總是不太容易，尋求協調、幫助時須特別小心，不能說錯話，更不好意思催促對方，工作就只能順其自然，「慢慢來、急不得，不小心得罪了對方，事情就更難辦了」。實際上這種出發點是錯誤的。盡快完成工作考慮的是飯店的整體利益，任何部門或人員都應該積極配合，只須在溝通時注意掌握一些技巧，就可擺脫這種尷尬境地了。

【相關連結】小王是某飯店餐飲部的經理，有幾臺包廂內的電視機需要維修，而且必須要在當天修好。於是小王找到了工程部的李經理：「李經理，您好，我們餐飲部有幾臺宴會包廂裡的電視機需要維修，而且需要在今天下班前維修好，麻煩您派幾位師傅幫忙維修一下。您看工程部的師傅幾點能到？」李經理說：「我給你安排一下吧，中午營業之前過去。」但是，等到快中午了，工程部的人員卻沒有來，小王給李經理打電話：「李經理，您好！我是餐飲部經理，您部門維修電視機的師傅還沒有過來，您看他們大約幾點能過來？」「我幫你安排一下，啊。這樣吧，12：00左右我給你答覆。」11：55左右，小王又拿起了電話：「李經理您好，馬上就快12：00了，您看您可以給我答覆了嗎？不好意思因為這項任務比較急，老總說今天必須完成，所以給您添麻煩了。」「我差點給忘了，不好意思。這樣吧，我一定安排人員下午1：00準時去餐飲部維修。」「謝謝您，李經理！」下午1：00，工程部的兩名員工準時到達餐飲部包廂對電視機進行了維修。

從上面這個案例不難看出，我們在尋求其他部門配合和合作時要積極主動，如果工程部的員工到下午1：00還沒有去維修電視機，我想小王一定還會與工程部經理溝通。這樣做有兩點好處：首先，會使李經理對維修電視機這個問題引起重視，因為這項維修工作對餐飲部來說很重要，否則小王不會盯得這麼緊。其次，李經理會感覺到小王對待工作認真負責，所以今後在與其共事時一定要把他要求配合的工作當回事，否則他會一直盯住不放的。所以，小王今後在與工程部的水平溝通中會比較得心應手。

2．換位思考

換位思考，要求我們在水平溝通中要多站在其他部門的角度來思考問題。如果我們要尋求其他部門的合作與幫助，必須站在對方的角度考慮問題，理解對方的難處與苦衷。這樣才不至於牢騷滿

腹，總覺得錯在別人，自己是對的。不要總是埋怨其他部門對自己的工作不配合，要想獲得其他部門的理解，首先要去理解對方。

如上述案例中，如果小王想把這次溝通做得更加完美，在溝通中可以加上這樣幾句話：「工程部的工作任務比較繁重，人手少、工作量大，所以，您安排起來一定不是很容易。最近天氣比較熱，餐飲部出錢為工程部的各位同事準備了兩箱飲料。」李經理一定會說：「別這麼客氣，應該的，大家都是為工作。」如此，那幾位工程部的師傅就必然會及時到達餐飲部進行維修工作了。

只有在體諒了別人的同時，才能方便自己。

3．溝透過程中要禮貌謙讓

謙虛是中華民族的美德，也是溝通的利器。在水平溝通中，任何一位管理者都應注意自己的言談舉止，保持一種謙虛謹慎的態度。不能因為資歷老而盛氣凌人，畢竟溝通的對象是與您處在同一水平線上；如果是面對比自己年長的溝通對象，則更須以謙虛的態度來對待，不論自己的學歷水平有多高，理論知識有多豐富。只有尊重了他人才能贏得他人的尊重。沒有一個人願與不懂得尊重他人的人合作、配合。

4．在別人尋求合作時一定要積極配合

如果想在日後的工作中順利地與其他部門合作，首先要主動、快速地協助其他部門完成工作，形成一個良性的合作關係。如果在其他部門向你尋求合作時，你沒有積極配合，那麼，就不要指望你需要合作時，其他部門會做出積極的反應。

溝通在我們的日常生活和工作中無處不在，我們研究溝通技巧，是為了讓溝通更加順暢、更加有效。沒有溝通，萬萬不能，沒有有效的溝通更是萬萬不能。我們應該在日常生活和工作中多觀察、多體會，把學習到的溝通技巧應用到實踐中去，讓我們的生活

因溝通而美麗、因溝通而精彩。

四、現代企業文化——團隊精神

「團隊」，是企業管理中的一個重要詞彙，很多企業一直說自己是一個團隊，如果一個企業不能把自己建設成為一個團隊，不能把自己建設成為一個優秀的團隊，那就很難在激烈的市場競爭中生存。團隊以及團隊精神，對一個企業來講尤為重要。

（一）團隊的定義及其特質

團隊（Team）是由員工和管理層組成的一個共同體。它透過合理利用每個成員的知識和技能共同合作工作、解決問題，以達到共同的目標。

以上定義是官方版本，如果我們要更加感性地理解團隊的概念，那麼古典名著《西遊記》中唐僧與其4個徒弟所組成的西天取經「項目公司」就是一個非常優秀的團隊。之所以能稱唐僧師徒為團隊，因為這個組織由管理層和基層員工組成。每一個成員的知識和技能各不相同，但卻都是完成組織目標所必需的。更重要的是，組織內部各個成員之間合作得很好，分工明確。「到西天求得真經」這個共同的組織目標，把所有成員緊密地聯繫在了一起。以上分析表明，唐僧師徒組成的團隊以已經初步形成了團隊的理論基礎，但只有理論基礎還不能稱其為真正的團隊。之所以稱這支隊伍為團隊，是因為這支隊伍已具備了一些成為團隊的基本特質，一個組織要想成為一個團隊，必須要具備下列基本特質：

1·自主性

所謂自主性，即組織成員無論有沒有主管監督，都能夠自動、自發、自覺、高效地完成自己的本職工作。

唐僧主管的取經隊伍能夠做到這一點。唐僧一旦被妖怪抓走，他的幾個徒弟都會想盡辦法前去營救，不會因為師傅被抓，隊伍就立即解散，各奔東西。

一個餐飲部經理或總經理只要一離開飯店，手機就響個不停，一直有問題需要主管幫助解決。主管只要不在就是員工的假期，飯店運轉一塌糊塗。這樣一支隊伍怎能稱為團隊呢？只能稱之為由多人組成的一支隊伍。

如果老總天天釣魚，一個企業都能運轉良好，我們可稱其為一個優秀的團隊，因為這個團隊具有很強的自主性。

2．思考性

如果您是一個團隊的最高主管者，想讓自己的團隊成為名副其實的團隊，需要精心培養員工的獨立思考和創新能力。這樣才能幫助員不斷工成長、幫助企業不斷前進。

唐僧在團隊中除了做方向性、指導性的工作外，徒弟的業務他從不插手，充分發揮了下屬的積極性和創造性。因此，他的徒弟業務能力和水平日益精湛，為組織完成「取經」的總目標打下了良好的基礎。試問，如果孫悟空等事事都要請示唐僧，讓「老總」作決定，不願去獨立思考出謀劃策，一百個唐僧也讓妖怪抓走了，更談不上完成組織目標了。

3．合作性

合作性，顧名思義，就是組織的各個員工、各個部門能不能順利地進行溝通和合作，快速地實現組織目標。可以說唐僧師徒的合作性做得很好。這個組織內部分工明確，各安其職、各司其職。沙僧從來不會因為嫉妒孫悟空不必做挑擔子這樣簡單機械的工作而故

意甩臉色、不配合。這是正面教材。

「一個和尚挑水吃，兩個和尚抬水吃，三個和尚沒水吃。」是組織內部合作性差的反面案例，如果一個組織內部成員和部門之間天天鉤心鬥角，只想著自己或者小團體的私利，那麼，最後結果只能是大家都等著「渴死」，各打各的算盤，怎麼能有良好的合作基礎？只有具備自主性、思考性與合作性等基本特質和條件的組織，才能稱其為「團隊」。

（二）如何培養團隊精神

一個組織要想成長為優秀的團隊，就必須賦予自己的組織以靈魂——團隊精神。

所謂團隊精神，簡單來說就是大局意識、合作精神和服務精神的集中體現。團隊精神的基礎，是尊重員工個人的興趣和成就；核心是共同合作；最高境界是全體成員的向心力、凝聚力。團隊精神反映的是個體利益和整體利益的統一。團隊精神的形成，並不要求團隊成員犧牲自我，相反，要他們揮灑個性、表現特長、共同完成任務目標。團隊精神是組織文化的一部分，將每個人安排至合適的職位，充分發揮集體的潛能。如果一個組織沒有正確的管理文化，沒有良好的從業心態和奉獻精神，就不會有團隊精神。不難看出，培養團隊精神對一個企業的發展至關重要。

引自《打造高績效團隊》，余世維著，北京大學出版社。

1．主管者要以身作則，遵守企業的規章制度和規範

俗話說：「上梁不正下梁歪」，如果一個團隊的「頭」都不能嚴格按照規章制度辦事，就沒有資格和權力要求下屬遵守組織的規章制度，更不能在下屬中建立起較高的威信。那麼，這個組織也就

岌岌可危了。

2．提高自身素養，做好團隊的「頭」

團隊最高主管者的職能，是全面負責企業各項目標的實現，並帶領團隊共同進步。他既是管理者，又是執行者；既是工作計劃的制訂者，又是實施計劃的領頭人。作為團隊的「頭」，其個人素質起著至關重要的作用。要做好團隊的「領頭羊」，不僅要用平和之心客觀公正地對待公司的每件事和每個人，更重要的是全面提高自身素質，關鍵是要培養自己的5種能力：凝聚力、魅力、魄力、觀察力和執行力。

凝聚力。「頭」自身應該具有極強的凝聚力。凝聚力形成的關鍵所在，是其本人要贏得下屬的信任和尊重。要做到言行一致、以身作則，組織、建設團隊的理念和文化，並將其深植於每一位員工的心中。

魅力。就是用自己的人格魅力與敬業精神感染和團結員工。因此，作為「頭」，必須能夠正確對待工作中遇到的挫折，不為舊事所擾，一如既往地保持工作熱情；要相信下屬，敢於向下屬授權，在下屬獨立自主展開工作時要當好後盾，透過對下屬的輔導、指導和支持，促進他們的進步和成長；要善於認可和表揚下屬的工作，使他們感到自己得到重視和尊重；另外，還要經常真誠、熱情地與員工交流，做到有效溝通，不失時機地把公司主管層的決策和意圖傳達到每個員工。

魄力。就是要大膽和果斷。對待工作，要堅持高標準、嚴要求；對待問題要及時地、實事求是地做出判斷和決定，不講情面、不講關係，既要敢於承擔責任，又要獎罰分明。否則，當斷不斷反受其亂，將會影響整個團隊的凝聚力。

觀察力。就是要有敏銳的是非嗅覺，能及時發現團隊中存在的

問題，並及時予以引導和糾正。

執行力。再好的決策也只有透過執行才能得以實施。增強執行意識、提高執行能力、改進執行方法並及時持續地完善制度和規範，立足公平、公正是提高主管者執行力的基礎。

3．確立明確的組織目標，督促員工共同實現組織目標

沒有明確的、共同的組織目標的團隊就如同一盤散沙，無法將團隊成員凝聚在一起。組織制訂的各項目標，應該符合所有成員的利益，應該是可以實現的努力方向。目標訂得過低，造成組織能源的浪費；訂得過高容易挫傷成員的積極性，團隊也會土崩瓦解。因此，一個明確的可行的組織目標對於團隊精神的建設和培養至關重要。

4．營造相互信任的組織氛圍

一個團隊內部天天鉤心鬥角、互相拆臺、互相猜疑，團隊將會失去生命力，最終只能消亡。團隊內部可以儘量採取公平、公正、公開的考核制度、財務制度，杜絕團隊成員之間的相互猜疑，保證成員對團隊的信任感和向心力。

5．加強高層管理隊伍和中層管理隊伍的建設，抓好團隊的「心」

首先，一個團隊是否團結，是決定該團隊是否具有戰鬥力的主要因素，而團隊的團結與否，主要取決於管理層，尤其是「領導人」和「副手」之間的關係是否和諧。「領導人」和「副手」之間要做到和諧，最重要的是處理好「搭臺」和「補臺」的關係。「領導人」要為副職們搭好施展才能的舞臺，尊重他們的個性和意見；而副手們應當加強執行力，在施展才能的過程中應當為「領導人」補臺，修正疏漏，完善決策。要「搭好臺」和「補好臺」，重點是要在平時加強溝通和交流，不僅要談工作，更要交流思想。溝通氣

氛融洽了，管理層的團結就有了根本的保證。

其次，是加強中層管理隊伍。這個層面的人員是組織管理過程中的中堅力量。他們對企業文化、理念的認同度及業務能力和管理水平的高低，直接關係到企業的生存和發展。他們的職能發揮得如何，直接影響著企業的各項工作能否高效運行，影響員工隊伍的穩定和內部工作氛圍的和諧。因此，應該要求他們嚴於律己，時時處處以身作則，作各項工作品質的保證人，作企業各項指令的有效執行人。管理層應經常進行溝通與交流，及時消除隔閡和誤解，及時指出問題和不足，讓大家明白一個道理：「我們是一個團隊，我們有共同的目標和憧憬。」

6．建立有效的團隊溝通機制，把員工當做一家人

溝通是維護團隊整體性的一項十分重要的工作，也可以說是一門藝術。如果說紀律是維護團隊完整的硬性手段的話，那麼溝通，則是維護團隊完整的軟性措施。它是團隊的無形樞紐和潤滑劑。溝通可以使團隊中上情下傳、下情上達，促進彼此間的瞭解；可以消除員工內心的緊張和隔閡，使大家心情舒暢、心平氣和，從而形成良好的工作氛圍，創造「人和」的環境。

組織可以建立多種溝通平臺，如，總經理辦公會議制度，讓各部門和員工相互瞭解工作內容和工作進度，便於在以後的工作中協調合作；可以確立每週一次的部門例會制度和每週2小時以上的「互教互學」制度，以便使部門員工在學習中達到溝通和提高，還可以安排不同部門之間的員工到其他職位參觀、交流、學習，以及設立總經理信箱，廣泛收集員工的意見，傾聽員工的心聲；建立「總經理面對面」定期談話制度，及時瞭解員工的思想動態和工作、生活情況。定期組織員工參加各類文體活動，為員工相互交流創造條件，豐富員工的精神文化生活。

7．妥善運用好考核激勵機制，為團隊注入「推進劑」

績效考核是一種激勵和檢驗，是一種「推進劑」。它不僅檢驗每個團隊成員的工作成果，也向團隊成員展示組織的價值取向，同樣關係到團隊的生存和發展。因此，績效考核激勵機制必須妥善地加以運用。

在績效考核過程中，要堅持公平、公正的原則；做到把年度考核和日常評估結合起來。根據考核結果，對員工進行獎勵、處罰、晉升和淘汰。考核評估的結果要及時向員工進行反饋，以幫助他們尋找自身的不足和團隊目標的差距，從而激發員工不斷改進工作狀態，提高服務品質，盡快完成組織目標。

團隊精神是團隊建設的導航燈、是一個組織向前發展的助推器，團隊精神的培養和建設對於實現團隊目標來說至關重要。

【熱點討論】房門為何會修錯？

某賓館的一次例會上，老總對工程部經理發火了：「昨天讓你們修理宴會包廂的房門，怎麼到現在都沒有修理？」工程部經理很委屈，：「老總，早就修理過了。」「修理過了？修的是哪個包廂的房門？」「修理的是黃河廳的房門。」「我讓你修理的是瀏陽河廳的房門，修錯了知道嗎？沒弄明白就瞎修，浪費人力、物力、財力。總辦給他開罰單！」

會後工程部經理向餐飲部經理訴苦道：「唉，誰都知道，老總平時說話就含混不清，還說得特別快，脾氣又那麼大，就算沒聽清楚誰敢問啊，問了就要挨訓，只能硬著頭皮修了。倒霉啊，房門還給修錯了，又得受罰。沒辦法，只能再安排人去修理。」「算了、算了，難免的，別想了。」餐飲部經理安慰道。

這個案例反映了日常溝通中的什麼問題？作為管理者，在日常溝通中應該注意什麼？

第十講 把握職業生涯下一步的方向

一、什麼是職業生涯發展

　　許多主管面對手中的「辭職報告」經常會有這樣的反問：「我給他的待遇不低啊，他為什麼要辭職？」是啊。這到底是為什麼呢？

　　對於現在餐飲企業的員工來講，待遇是一種很現實的東西。如果餐飲企業幻想既讓員工賣命幹活，又不想付出合理的薪水待遇的話，恐怕是難以實現的。但是，餐飲企業為了留住員工，採用向員工支付高於行業平均薪水的辦法，也不是解決員工流失的好辦法。

　　由於每個人的價值觀不同，因此每個人內心的成功標準不盡相同。有的員工認為職業生涯成功就是獲得地位和財富的滿足，於是為了達到這個目標而拚命努力；對有的員工而言，成功意味著較高的地位和聲望；有的員工認為：成功就是35歲前擁有豪宅、名車及滿意的伴侶和聰明健康的孩子；也有的員工將成功定義為不能量化的抽象概念，例如，認為成功可以帶來愉悅感、成就感和滿足感；還有些員工則追求工作內容的豐富化和職務的晉升。

　　因此，企業要想最滿意地留住員工，就應當瞭解員工自身的需求，為其制訂合理的職業生涯規劃。

（一）職業生涯的概念、週期和作用

1．職業生涯的概述

簡單地說，職業生涯，是指一個人的職業經歷。具體講，職業生涯，是以心理開發、生理開發、智力開發、技能開發、倫理開發等人的潛能開發為基礎，以工作內容的確定和變化、工作業績的評價及薪資待遇和職稱、職務的變動為標示，以滿足需求為目標的一種工作實踐經歷和內心體驗經歷。

職業生涯是人一生中最重要的歷程，是追求自我實現的重要人生階段，對人生價值起著決定性作用。只要能夠抓住員工的職業生涯，就能抓住員工的心，就能讓他更好地為企業工作。

2．職業生涯週期

從開始從事職業活動到完全退出職業活動的全過程為職業生涯週期。針對餐飲企業來講，一個員工的餐飲職業生涯週期，可視為從進入餐飲業開始到離開餐飲業為止。

3．職業生涯在人生中的作用

職業生涯是滿足人生需求的重要途徑。毫無疑問，員工之所以選擇某項職業，首先是為了能夠達到滿足生存需求的目標。此時其對需求高層次需求的慾望比較低，但隨著其工作實踐經歷和內心體驗經歷的不斷豐富，其需求層次也會不斷曾高。這時職業生涯的作用，將集中體現於企業對員工職業生涯的開發與管理，幫助員工在基本需求得到滿足並繼續增加的同時，提高需求層次，為他們提供獲得他人讚賞和尊重，獲得地位和榮譽，以及開發潛能、利用潛能，實現人生價值的機會。

（二）職業生涯成功與人生價值體現的關係

1．職業生涯成功是人生成功的核心內容。

成功的職業生涯令人產生無可替代的滿足感，但每個人對人生成功的定義各不相同。我們可以將人生成功的定義分為5類。

—進取型。把成功視為入組織或職業的最高層次。特別注重在群體中的地位，追求更高職務。

—安全型。追求認可、穩定；視成功為長期穩定和相應不變的工作認可。

—自由型。追求不被控制；視成功為經歷的多樣性，希望有工作時間和方法上的自由，最討厭打卡機。

—攀登型。喜歡挑戰和冒險，願意做創新工作，視成功為螺旋式不斷上升、自我完善。

—平衡型。視成功為家庭、事業和自我等方面的均衡、協調發展。

2．職業生涯成功是人生價值體現的重要標示

在法制建設、民主進步不斷發展的市場經濟社會裡，人們普遍將擁有健康的生理體系、健全的人格體系、豐富的知識體系，以及多方面的能力體系、良好的人際關係體系、豐碩的職業生涯成果體系、幸福和諧的家庭生活體系和豐富多彩的人生活動體系等全新生活方式，作為人生追求的目標和人生價值體現的結果。而在人生目標的追求中，職業生涯的成功，又往往是人生價值體現的重要標示。

3．職業生涯與其他人生活動對立統一

職業生涯固然重要，但職業生涯並不是人生的全部。人生中還有很多角色需要扮演，除了職業角色，還有父子角色、親友角色、

師生角色、師徒角色、同事角色、上下級角色等諸多社會角色。儘管一個人在社會生命週期中有多種選擇甚至逆向選擇的可能性，但我們作為子女、父母的角色是無可選擇的。我們可以放棄一項職業，卻不能放棄這種血緣關係的角色。不同社會角色之間不能互相替代，這就決定了職業生涯與其他人生活動的並存關係。一個人既要追求事業的成功，又要追求婚姻關係、人際關係及其工作與多種社會活動之間關係的和諧，應該說矛盾、對立是必然的、而和諧、統一則是相對的。辯證唯物主義認為，世界上沒有絕對的事物，處理得好，相得益彰；處理不好則相互排斥、相互影響。因此，要追求職業生涯的成功，就必須學會妥善處理職業生涯與其他人生活動的關係。

（三）職業生涯的評價體系

看一個人的職業生涯是否成功，需要按照人際關係的範圍，對其職業生涯的全過程進行全方位的系列評價。該評價體系可分為自我評價、家庭評價、組織評價和社會評價等四類。如果一個人在這四類體系中得到的評價結果都是肯定的，則其職業生涯便是成功的。

1．職業生涯的自我評價

職業生涯的自我評價，是以個人標準進行的評價。評價者就是員工自己。你是否充分施展了自己的才能？是否對自己在企業發展、社會進步中所做出的貢獻滿意？是否對處理職業生涯發展與其他人生活動的關係的結果滿足？這只有你自己最清楚。職業生涯成功的自我評價根據個人的價值觀念及個人知識能力的水平來進行。

2．職業生涯的家庭評價

職業生涯的家庭評價主體，是父母、配偶、子女和其他家庭重

要成員。評價內容是他們是否能夠理解你的工作、是否能夠給予你充分的支持和幫助，評價的根據是家庭文化。

有的老公一下班就回家，妻子對他說：「瞧你這麼沒出息，一下班就往家跑，賺不了大錢。看人家老王，從早忙到晚，淨賺大錢。跟了你就是一輩子受窮的命。」而有的家庭，妻子則說：「你下班後這麼晚回家，都幹什麼去了？我不要你賺大錢，只要下班後你按時回家。」家庭文化不一樣，要求也就不一樣。

3．職業生涯的組織評價

在餐飲企業組織中，是否能得到上級主管的肯定和表彰很重要，而能否得到下級、同事的讚賞，則更是關鍵。在過去企業管理和官本位文化的影響下，我們往往是想方設法讓上級滿意，而真正讓部下、讓同事都對你由衷敬佩，卻常常被忽視。

4．職業生涯的社會評價

職業生涯社會評價的主體是社會輿論、社會組織。是否有社會輿論的支持和好評，是否有社會組織的承認和獎勵？評價標準是根據社會文明程度和社會歷史進程。社會評價有一個最大的特點是滯後性。往往一個人做出業績，不是馬上就會得到社會的承認。

（四）員工職業生涯的發展

目前，餐飲業員工流失率較大，主要表現於工作比較辛苦的一線職位。他們之所以離開餐飲企業，是因為在企業裡看不到自己前途的光明。餐飲業中沒有成形的員工職業規劃。如果在新員工剛入職時就針對其各自的特點和性格進行分析，制訂出符合員工個人發展的職業規則，員工的流失率將大大降低。

員工的職業生涯分為：外職業生涯和內職業生涯兩部分。

1．外職業生涯

外職業生涯，是指從事餐飲業時的工作單位、工作地點、工作內容、工作職務、工作環境、薪資待遇等因素的組合及其變化過程。

外職業生涯的構成因素，通常是由別人給予的，也容易被別人收回。外職業生涯因素的取得往往與自己的付出不符，尤其是在職業生涯初期。有的人一生疲於追求外職業生涯的成功，但內心極為痛苦，因為他們往往不瞭解，外職業生涯發展是以內職業生涯發展為基礎的。

2．內職業生涯

內職業生涯，是指從事一項職業職務時所具備的知識、觀念、心理素質、能力、內心感受等因素的組合及其變化過程。

內職業生涯各項因素的取得，可以透過別人的幫助而實現，但主要還須由自己努力追求而得以實現。與外職業生涯的構成因素不同，內職業生涯的各項構成因素內容一旦取得，別人便不能收回或剝奪。

內職業生涯的發展是外職業生涯發展的前提。內職業生涯發展帶動外職業生涯的發展。它在人的職業生涯發展成功乃至人生成功中具有關鍵性作用。因而，在職業生涯的各個階段，我們都應重視內職業生涯的發展。以餐飲企業為例，尤其是在員工剛進入餐飲業的早期和中前期，我們一定要把對內職業生涯各因素的追求看得比外職業生涯更為重要。內職業生涯因素匱乏的人總是擔心資遣名單中會有自己的名字；而內職業生涯豐富的人則會抓住每一次發展的機會，甚至能主動地為自己、為別人創造發展機會。

二、餐飲企業員工的職業生涯管理

（一）讓下屬成為你最忠實的員工

一個穩定的團隊是餐飲企業取得不斷前進的重要保障，但是如果員工，尤其核心員工的大量流失，不僅可能造成客戶資源流失，人心浮動，而且還可能造成企業核心機密的流失，給企業帶來慘重損失。因此，對於餐飲企業來講，除需要淘汰的員工外，企業要確保員工的相對穩定，採取有效的措施降低員工流失率。

那麼餐飲企業該採取怎樣的措施才能降低員工流失率呢？聰明的餐飲業經理人會從員工剛剛進入企業時就開始規劃員工的職業生涯，讓他們成為最忠實的員工。

1．嚴把進人關

在餐飲企業招聘員工，查閱應聘者的個人簡歷時，往往會發現許多人在短時期內頻頻跳槽的現象。而詢問原因時，他們又往往不能自圓其說。這說明他們自身往往難以對企業建立忠誠度，缺乏對自己職業生涯的規劃，企業稍微不能滿足他們要求，都可能成為他們離職的原因。所以，對於此類應聘者，最好不予錄取。但如果這個應聘者確實是企業需要的人才，則須從錄用之初便為其做一份詳細的人生規劃。

2．明確用人標準

餐飲企業在招聘員工時，一定要結合企業的用人需求，不能盲目地提高用人標準。因為餐飲企業招聘相應的職位員工時，只會給予這些職位相應的待遇和級別，而這些人進入企業後，如果發現實際情況不是自己所想像的，就會感到上當受騙，從而一走了之。餐飲企業中經常有這樣的情況：應聘者看到一個招聘餐飲銷售經理的廣告，便會欣然前往，往往會應聘成功，但是一上任卻發現所謂的

餐飲銷售經理就是自己管自己，並沒有下屬，經詢問後得到的答覆是：「我們這裡的餐飲銷售經理就是這樣啊。」其實這家餐飲企業招聘的只是一個銷售員而已，並不是招聘銷售經理。不難想見，受騙的應聘者一氣之下向企業提交辭職書也就不足為怪了。

3．端正用人態度

現在許多餐飲企業為了招攬人才，往往會在開始許諾高薪待遇，而等應聘者來到企業後再慢慢降低待遇或不予兌現企業的承諾。更有甚者，一些企業的老總還將這視為自己用人的高招。殊不知這樣的企業往往潛伏著巨大的風險。因為，這些員工一旦識破企業的真實意圖，往往會出現大批的員工流失。

【相關連結】小鄧到某飯店應聘總經理助理，飯店許諾月薪5000元，年底再給補足10萬元年薪，可是到了年底，老闆卻拍著小鄧的肩膀說「小鄧啊，今年公司效益不好，年薪的事等明年再說吧」。小鄧只得在大呼上當之餘離開了該飯店。

4．分析員工需求並盡可能滿足

第九章已經講過，每個員工都會有各種各樣的需求，作為餐飲業來講，一定要經常對員工的需求進行認真分析，只要員工的需求沒有違法違紀、沒有違背企業的宗旨和精神，原則上就應盡可能地去滿足。應該說企業只要能夠滿足員工的需求，員工是很少願意離職的。

【相關連結】濟南某飯店針對員工的需求考慮的比較全面。員工的生日都會記錄到人事檔案中。每個月，飯店會組織本月過生日的員工一起參加生日派對。飯店總經理也會親自參加並為過生日的員工贈送生日禮物。如遇到員工結婚，飯店會贈送兩人自助餐券和一晚免費住宿。這種以福利方式來滿足員工精神方面需求的方式值得其他飯店學習。

5．為員工設計自己的職業生涯

　　瞭解到員工的性格、興趣、能力、需求、價值觀等自身條件後，企業根據員工各自的情況為其設計量身訂製的職業發展路徑，「只要你努力工作，將來就能做到×××位置並在員工進入企業之初就告知其本人。這樣員工心裡就能有個明確的目標。但目標要具體化，須時常糾正員工的發展路徑，讓員工真正感覺到企業是以員工發展為重點的。只有這樣做方使員工忠於企業，即使在企業最困難的時刻也不會輕易離開。

　　（1）建立職業訊息系統

　　①建立職業變動制度。傳統的餐飲業用人模式是一成不變的。一名新員工入職，如果不是特殊情況，其職位變動一般不會很大，但隨著科學管理理念的引進，許多餐飲企業已開始注重員工個人職業生涯的發展。管理層會定期實行職位輪換制度，即一個員工會出現一年在餐飲服務員的職位，另一年在餐飲接待員的職位。這樣員工就會保持對職業的新鮮感，人力資源部也能考察出員工的特點和適合的發展模式。

　　②公布組織的發展戰略規劃訊息。企業的重大活動及發展戰略需要定期的公布。這樣能夠使員工對自己的職業生涯及企業的發展具有比較清晰的認識，減少不必要的猜測，增強企業的凝聚力。

　　③及時公布組織的職業空缺訊息。對於企業內部的職位空缺，應當優先從企業內部員工中尋找。人力資源部門應當及時公布組織的職位空缺訊息。優先讓有能力的員工競爭，這樣即可為有能力的員工提供發展的平臺，又能節約招聘成本。

　　④開發員工的電子檔案訊息。由於經濟社會的發展，電腦在行業中的應用越來越普遍和重要，傳統的人事管理方式已經無法及時體現每個員工的訊息。企業人力資源部應當建立員工的電子檔案訊

息，包括每個員工的性格、氣質、能力、培訓經歷等，以利人力資源部進行人才的選拔。

（2）建立員工職業生涯發展評估中心

建立發展評估中心是十分必要的。目前，能夠建立員工職業發展評估中心的餐飲企業少之又少。即使是人力資源部為員工做的職業生涯規劃再詳盡，也不能時時刻刻提醒員工朝著計畫去努力。大部分的員工往往由於職業生涯規劃形同虛設而漸漸地對企業失去信心和信任。這時候建立職業發展評估中心就顯得尤為必要。

（3）建立獎勵升遷制度

任何工作都要有激勵，良好的獎勵升遷制度能夠激發員工的工作熱情和激情，能夠發揮出他們最大的能力，有利於餐飲企業經營和員工職業生涯的發展。

【相關連結】某餐飲企業，建立之初只是一個獨立的店面。該企業在招聘員工的時候都會為員工建立電子訊息檔案。剛剛畢業的小李因為看重了該餐廳的用人方式，於是決定去該餐廳工作。一開始小李做的是傳菜工作，但透過人事部對小李特點的分析，發現銷售部更適合他的發展，於是將小李調到銷售部工作。在銷售部，小李的優勢得到了發揮，業務水平提高很快。沒有一年時間就做到了銷售部副經理的職務，公司經理在餐廳發展期間鼓勵員工入股投資，並定期發放股份作為福利。漸漸地小李成為餐廳的第四大股東。小李已經把餐廳當成自己的家，把餐廳的事業當成了自己的事業。目前，該餐飲企業已經發展成為擁有4家分店的連鎖企業。這樣的企業，員工還有什麼理由要離開呢？

（二）與員工簽訂「心理合約」

　　心理合約（Psychological Contract）存在於人際關係之中，是在某個組織中工作的人之間的一套沒有法定約束力的期望。這一術語最常用於集體工作或組織心理學中，它包括組織中的每個成員希望達到的能力水平，以及每個成員有關薪水、升遷、福利、津貼等的期望。此外，諸如生活的優裕、職業的滿意、個人的自我實現等非定量成分無疑都是心理合約的一部分。此概念最初是由美國心理學家阿吉里斯於1966年提出的，他發現單純的勞動合約並不足以對員工的僱用進行管理，在正式的勞動合約之外，需要有一個補充合約，這一補充合約建立於企業整體與員工個人願望的一種默契之上。

　　對於要辭職的員工，還給機會嗎？

　　【相關連結】1995年，博福──益普生中國聯絡處成立祕書部，準備提拔第一地區辦公室祕書做祕書部主任。當她得到這個消息時面部表情似乎很為難，首席代表問她有什麼為難的情況？她說：「我的先生去了美國，如果我不去美國的話，家庭生活將會受影響，可是現在有這樣的發展機會確實挺難得，心裡感覺很矛盾。」瞭解到這一情況後，首席代表建議：把家庭放在第一位，工作丟了還可以再找，幸福的家庭更為重要，但在她出國前，仍給她機會。當時宣布的是：她出國以前升職的機會不減。這位同事很受感動。最後的結果是：她出國之前的半年，是其參加工作六七年來最為努力的半年。作為祕書部主任，她不但出色地組織了公司第一次祕書培訓，而且還培養了另外一個優秀的辦公室祕書。臨出國時，公司給她開了歡送會、送了禮物，大家都特別高興。她去美國以後給公司寫過一封信，說最後幾個月的鍛鍊提高使她終生受益。

我們培養人才應該時常想：是為誰培養？如果是為某個人培養，或者是為企業培養，這不是為了人的全面發展。我們培養人才首先是為了員工本人，也是為社會培養人才。想想看，如果主管對你說：「我培養你不容易，你得跟我好好幹一輩子。別翅膀硬了就想飛！」你會怎麼想？如果主管說：「你在這裡好好幹，如果哪天你的能力增長了，這裡不能給你創造更好的空間，你到別處發展我也為你高興。」你又是怎樣的心情？

員工作為人，是感情動物，尤其在中國這個人情味很濃的國家裡，企業若能業創造一種「家」的環境，讓員工有一種「家」的感覺，往往會收到事半功倍的效果。

比如，員工「家」裡遇到困難時，企業伸出援手；老闆和企業高層主動找員工談心溝通，會讓員工產生受到重視的感覺；員工結婚或家中老人病危、去世，老闆或高層主管親自到場祝賀或哀悼；員工的家屬失業時，企業幫助安排其力所能及的工作等，都會讓員工感激。企業實際上並沒有多付出什麼，而收穫的往往卻是員工的感激和忠誠。

某餐飲企業在感情留人方面做得更絕，每當春節時，員工的家裡就會收到企業的一封信，內容除了祝賀新春之外，就是感謝員工長輩對員工的培養和家屬對員工工作的支持。結果導致如果那個員工要辭職，首先家裡人就會極力勸阻。

1．「培訓和學習，為員工增加一份福利」

其實，對於餐飲企業的大多數員工尤其是新員工和事業心較強的員工而言，除待遇之外，自己能否在這個企業得到成長和進步，是否有學習的機會也是他們所關注的。這就需要企業將員工的培訓和學習放到一定的高度去對待。從某種程度上講，員工的成長和進步也就意味著企業的成長和進步。企業為何不一次性投資，受益終生呢？如果在這個企業能夠學習進步和成長，員工又何必朝三暮四呢？

2．不要在企業虧損時拿員工待遇說事

餐飲企業經營中難免有時會出現經營不善的局面。企業一旦出現虧損，壓縮成本、降低費用是無可厚非的，但是許多企業在虧損時，首先把降低員工的待遇放在了重要位置，結果是員工待遇降低了，費用也節省了，然而，等不到企業贏利時，員工也就流失的差不多了。

2008年，金融危機開始在全球蔓延，世界旅遊市場率先受到衝擊，各國旅遊經濟開始萎縮。由此引發了一些餐飲企業為應對危機而大幅度降低員工待遇，進而導致大批員工紛紛辭職。經濟危機畢竟總會過去，待到全球經濟轉暖時，又會出現人才緊缺的局面。試想，那些因降低待遇和企業說「再見」的員工，特別是那些企業需要的資深員工還有回頭的可能嗎？即使暫且留在企業的員工也會認為企業「不人道」，而大大降低了對企業的忠誠度。如果遇到適合自己發展的機會，他們將會毫不遲疑地離開企業。

3．事業留人，讓員工成為企業的主人翁

對於一般員工而言，需求是多方面的。企業的中高級管理人員能否滿足他們實現自身價值的需求，對於穩定員工隊伍至關重要。

現在許多餐飲企業的老總為了留住人才而採取大膽授權的方法，為企業的人才創造施展才能和價值的環境，同時讓中高級管理人員和核心員工擁有一定企業的股份，讓他們成為企業的股東，使他們把自己的命運與企業的命運緊密地聯繫在一起，從而使他們穩定下來。

山東某飯店每個員工都擁有部分企業的股份，結果不僅該企業的人員流失非常少，而且企業的員工都把飯店當做自己的企業，積極節能降耗，為企業的發展出謀劃策，使企業的贏利能力迅速崛起。

綜上所述，切實關注和把握員工職業生涯下一步的發展方向，恰恰是餐飲企業選人、用人、留人的核心內容。

餐飲企業人力資源管理
熱點問題十講

作者：王莉

發行人：黃振庭

出版者 ：崧博出版事業有限公司

發行者 ：崧燁文化事業有限公司

E-mail：sonbookservice@gmail.com

粉絲頁　　　　　　網址

地址：台北市中正區重慶南路一段六十一號八樓 815 室

8F.-815, No.61, Sec. 1, Chongqing S. Rd., Zhongzheng

Dist., Taipei City 100, Taiwan (R.O.C.)

電　話：(02)2370-3310 傳　真：(02) 2370-3210

總經銷：紅螞蟻圖書有限公司　網址：

地址：台北市內湖區舊宗路二段 121 巷 19 號

電話：02-2795-3656　傳真：02-2795-4100

印　刷 ：京峯彩色印刷有限公司（京峰數位）

定價：350 元

發行日期：2018 年 5 月第一版